福島県中間貯蔵施設の不条理を読み解く

未来へのバトン

編著：門馬好春

二〇一一年三月一一日に発生した東日本大震災後の東京電力福島第一原発事故で「原子力災害特別措置法」に基づいて、現在は「原子力緊急事態宣言」下にあります。

もくじ

はじめに

昨年一二月一七日で30年中間貯蔵施設地権者会は設立一〇年となりました。そして今年三月で東日本大震災そして東京電力福島第一原発事故から一四年となります。

いま私のふるさと福島の浜通りは原発事故前から大きく変わってしまいました。大熊町の大野駅前も行くたびに以前の建物が解体されています。昔の面影はありません。それは双葉町も同じです。母校福島県立双葉高等学校の校舎が残されているのがわずかな面影です。

さらに中間貯蔵施設エリア内の風景は昔の面影が根こそぎ剥ぎ取られてしまったようです。

国と電力会社が一体となって進めた原発推進計画、原発事故などありえないと言い続けてきたが、その言葉はうそでした。「原子力 明るい未来のエネルギー」ではなく「原子力 幸せを根こそぎ奪うエネルギー」でした。ふるさとを奪い、多くの人々をふるさとから追い出し、いまも多くの犠牲を強いているにも拘らず、それを忘れたかのように国と電力会社は原発推進を進めています。

また中間貯蔵施設が三〇年間の期限を定めた事業であり、そこで保管している汚染土を福島県外最終処分場に搬出するという名目のもとに全国の公共事業等で再生利用を計画しています。

全国の住民に放射能に慣れさせるような進め方であり、原発敷地内の基準一〇〇Bqの八〇倍八、〇〇〇

Bgもの汚染土再生利用を国会での熟議による法律制定でなく、姑息な省令改正で進めようとしています。この様なやり方はふるさと福島県、大熊町、双葉町とそれ以外の地域の対立と分断を生むのではないかと心配しています。まして日本は地震が多く最近の台風・大雨などで、湾岸の隆起や土砂崩れ、道路の陥没などの大災害が頻繁に発生しています。もし全国の道路などに埋めた汚染土が流失した場合、福島県、大熊町、双葉町に対する感情はどうなっていくでしょうか、さらに八、〇〇〇Bgの健康に与える科学的知見も出ていないなかでの国・環境省のこの汚染土の全国再利用計画は無謀です。

二〇一四年一一月に日本環境安全事業株式会社法の一部を改正して、中間貯蔵・環境安全事業株式会社法（ジェスコ法）と改名し事業期間を三〇年間としました。しかし同法条文は「三〇年後に完了する」でなく責任逃れの「完了するために必要な措置を講ずる」としました。つまり「必要な措置を講ずれば完了しなくても法律違反とはならない」とも解釈できます。いま、国・環境省は、法律で「三〇年以内に完了することを約束している」と説明していますが、条文は変わっていません。このジェスコ法の抜け道と同じように三〇年間限定の場合・土地の借地計画が本来であるにも拘らず全面国有地化計画で進めようとしました。しかしこれは福島県民の猛反発で二〇一四年七月計画を変更、買収と共に環境省が土地を借りる地上権契約を認めました。ですが翌年、初めて環境省が示した地上権契約書は、我々との交渉による見直しまでは三〇年後に返さなくてもよいと解釈できる内容でした。また、その土地を借りる補償である地上権価格もルールに反した不公正で不公平な内容でした。

さらにはその後環境省が行った地権者との用地交渉においても土地の買収を優先した交渉でした。いま現在もルールに反した中間貯蔵施設の地上権価格は、仮置き場などのルールに則った地代補償額と比較すると、不公平の格差の拡大が進んでいます。

この本の中で東北大学名誉教授吉原直樹先生との対談などを通してこれらの理不尽を解き明かしていますが、対談以降の現在でもその不公平・理不尽はさらに拡大をしています。

あと中間貯蔵施設の終了まで約二〇年です。私、30年中間貯蔵施設地権者会は事業終了前に地権者である土地所有者に除染をして原発事故前のきれいな土地にして返してほしいと環境省に申し入れを続けています。また事業終了後の跡地、国有地の活用も当初蚊帳の外に置かれた町民や地権者・元地権者が主体となって真の復興を図っていくべきです。

この本は中間貯蔵施設の理不尽を多くの皆さまに知って頂くこと、そしてふるさとが真の復興を果たしていかなければいけないことを皆様にお知らせしたい思いで書きました。そして知って頂くこと、知人友人に話して頂くことで、国と電力会社が二度とこのような理不尽を起こさせないための、一里塚になって頂けることを切望しています。

福島第一原発事故、私たちの向き合い方

四方　哲

●原発に依存した現代社会

世界にはいくつの原発があるのでしょうか。

二〇二三年一月一日現在で運転中が四三一基、建設中七二基とされています。計画中も含めて三九か国で原発は運用・運転されています。これらの国々全体では約一割の発電量を原発に依存しています。世界全体での原子力発電の占める割合は四・三％とされています。世界で一番多くの原発を稼働させているアメリカでは総電力量の一八・二％が原発、二二・四％が自然エネルギー、最大が天然ガスの三九・二％です。世界的な傾向としては電力を何か一つに依存することのないベストミックスが主流になっています。その中で自然エネルギーの比重は確実に増えています。

ところが現代社会では原子力発電の比重はそう簡単には減少しません。確かに太陽光や風力発電からは二酸化炭素は発生しません。しかしその供給は、まだ安定したものではありません。バック

アップ電力として二酸化炭素を出さない原発は重宝されています。ドイツは脱原発を進める国として有名ですが、隣国フランスは原発大国。ヨーロッパは国境を超えて、電力を売り買いしています。ドイツは不安定な自然エネルギーのバックアップ電力をフランスの原発に依存しています。

一方、原子力発電は、高度な科学技術による厳格な管理が必要なのです。わずかでも放射能が外部に漏れ出ることは許されません。原発に依存する社会は超管理的なものなのです。人間らしい生活を阻害するものでしかありません。現代文明の宿痾を象徴的にあらわすものが原発なのです。

●福島県という被災地

この一三年間、私は福島県に通っています。最初は中通り・二本松市の有機農家を訪ねました。中通りでは避難指示を出された自治体は一つもありません。それでも農地は放射能汚染されています。少なくとも二〇二二年まで二本松の農地には毎時〇・三〜〇・四マイクロシーベルト※（μSv）、高いところでは一マイクロシーベルト程度のところもありました。

二本松には放射能に汚染された農地を耕し、種をまき続ける有機農家の皆さんが暮らしています。この二本松の有機農家さんへつないでくれたのが槌田劭《つちだたかし》さんです。槌田さんは一九七三年から始まった伊方原発住民訴訟に専門家の立場で法廷に立ちました。当時、京都大学工学部の助教授。金属材料を専攻していました。燃料棒の被覆管の材料・ジルコニウムの脆弱性をめぐって東京大学の専門家と議論しました。そのとき、サポートしたのが当時、京都大学原子炉実験所（現・複合原子力科学研究所）に就職したての小出裕章さんと今中哲二さんでした。当時、実験所には、原発の危険性を研究する研究者が六人いました。小出さんと今中さんは当時、まだ二〇代でした。原発開発に疑問を持ち、異を唱える専門家が当時は大学にいたのです。

裁判は原告敗訴。槌田さんは現代科学技術に絶望し、大学を辞し、有機農業運動に関わるようになりました。その縁で槌田さんは原発事故後から二本松の有機農家・大内信一さん、菅野正寿さんを訪ねることになりました。

原発事故後、有機農家と契約していた消費者がどんどんと離れていきました。大内さんの場合、七割減だったそうです。

「福島の有機農家を見捨てるわけにはいかない」「私たちは福島の有機農家を信じてその農作物を分けてもらい、食べたい」

農作物を細かく測定する農家を信じて、収穫したものを分けていただく、これが槌田さんの考えです。放射能汚染と安全・安心という課題は私たちを根っこから揺さぶるのです。

※：マイクロシーベルト：放射線などで、使用される単位でμSvと表記される。マイクロは百万分の一を表す。一ミリシーベルト＝一、〇〇〇マイクロシーベルト。一年間に人体が影響を受ける被ばく線量で、自然被ばく線量と医療被ばく線量でといい、一般の人は一年間一ミリシーベルト以下にすることと、職業とする人は、一年間五〇ミリシーベルト以下、五年間で一〇〇ミリシーベルト以下と法律で定められている。

事故を起こした原発は太平洋側・浜通りに建設されました。福島県はこの浜通りと福島市、郡山市など三〇万人都市を抱える中通り、そして会津若松市を中心にした会津地方に分かれます。

事故直後に発生した放射性物質は、太平洋に拡散していました。この時、「トモダチ作戦」のため、沖にいたのがアメリカ海軍原子力空母・ロナルド・レーガンでした。もろに放射能に襲われ、乗員の健康被害は深刻なものでした。白血病や甲状腺、内臓系のがんを数百人が発症し、これまでに二〇人が亡くなっています。

放射能を大量に含むプルーム放射性雲は風向きを変えて南下し、その後、方向を変え浪江町の請戸川を北上、飯舘村あたりで雪となり、地面を高濃度に汚染することになります。ところが飯舘村の対応は遅く、全村民の九割が避難を終えるのは六月まで掛かりました。飯舘村は福島県内で、一番多くの住民が被曝したと言われています。この飯舘村を測定し続けているのが先述の今中哲二さんです。

今も帰還困難区域を抱える自治体は双葉町、大熊町、浪江町、富岡町、飯舘村、葛尾村、南相馬市となっています。二〇二四年二月一日現在での避難者数は二六、二七七人（県外避難者二万二七九人）。この中に自主避難した県民は含まれていません。避難者数の実数は復興庁と各自治体の集計では大きく違っています。今も福島県では被害の実態が分かっていません。

そして福島県では、原発事故で長引く避難生活によって震災関連死が他の県と比べると大きく

避難指示区域の概念図

令和5年11月30日時点　富岡町の特定復興再生拠点区域の避難指示解除後

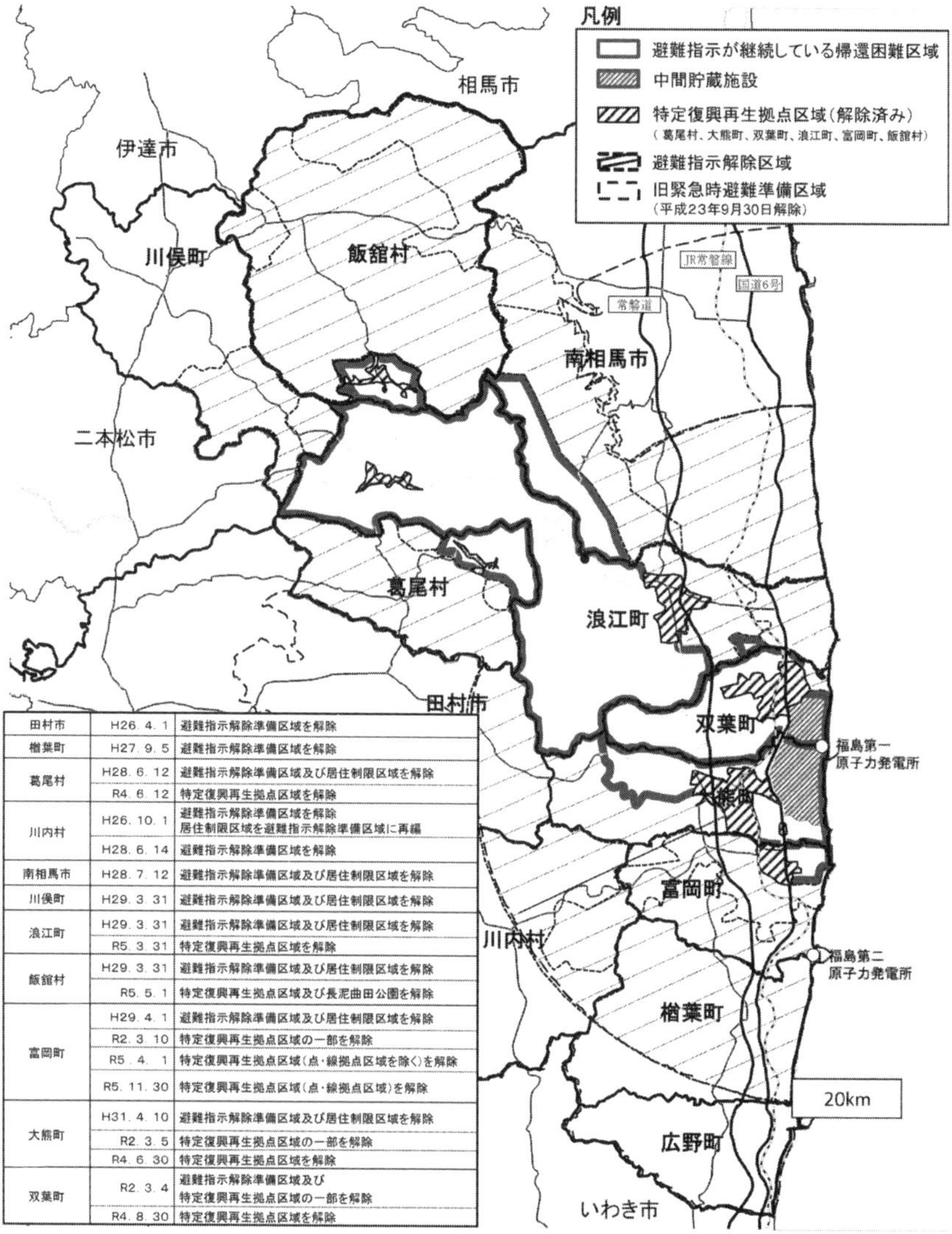

田村市	H26. 4. 1	避難指示解除準備区域を解除
楢葉町	H27. 9. 5	避難指示解除準備区域を解除
葛尾村	H28. 6. 12	避難指示解除準備区域及び居住制限区域を解除
	R4. 6. 12	特定復興再生拠点区域を解除
川内村	H26. 10. 1	避難指示解除準備区域を解除 居住制限区域を避難指示解除準備区域に再編
	H28. 6. 14	避難指示解除準備区域を解除
南相馬市	H28. 7. 12	避難指示解除準備区域及び居住制限区域を解除
川俣町	H29. 3. 31	避難指示解除準備区域及び居住制限区域を解除
浪江町	H29. 3. 31	避難指示解除準備区域及び居住制限区域を解除
	R5. 3. 31	特定復興再生拠点区域を解除
飯舘村	H29. 3. 31	避難指示解除準備区域及び居住制限区域を解除
	R5. 5. 1	特定復興再生拠点区域及び長泥曲田公園を解除
富岡町	H29. 4. 1	避難指示解除準備区域及び居住制限区域を解除
	R2. 3. 10	特定復興再生拠点区域の一部を解除
	R5 . 4. 1	特定復興再生拠点区域（点・線拠点区域を除く）を解除
	R5. 11. 30	特定復興再生拠点区域（点・線拠点区域）を解除
大熊町	H31. 4. 10	避難指示解除準備区域及び居住制限区域を解除
	R2. 3. 5	特定復興再生拠点区域の一部を解除
	R4. 6. 30	特定復興再生拠点区域を解除
双葉町	R2. 3. 4	避難指示解除準備区域及び 特定復興再生拠点区域の一部を解除
	R4. 8. 30	特定復興再生拠点区域を解除

経済産業省：避難指示区域の概念図

なっていました。認定された方は二、三三四人とされています。震災関連死も遺族が申請する必要があります。実数はもっと多いはずです。

●放射性物質と向き合う

福島第一原発で拡散した放射性物質は被災地だけでなく、東日本を中心に日本列島全体に降り注いでいます。今も環境中で影響を与えている放射性物質は半減期三〇年のセシウム１３７です。

今一番問題になっているのが汚染水（処理水）の海洋放出です。海は世界とつながっています。東電は汚染水（処理水）の海洋放出を始めました。一気にやるのかと思っていたのですが、どうも少しずつ三〇年、四〇年かけて垂れ流すようです。これで世界の批判をかわすつもりです。姑息な東電と国です。福島原発由来のトリチウムを拡散することは許されるのか。今、私たちに問われています。

一方、私たちの生活の中に放射性物質はしっかりと存在しています。食品にはもともと放射性物質が含まれています。つまり体重六〇キロの日本人なら七、〇〇〇ベクレルになります。日常生活の中で放射性物質だけではなく化学物質、電磁波などの影響を受けています。その結果、健康被害を被るわけです。この現実と向き合うしかありません。

がん予防のために発酵食品を確りとって免疫力を高めることも大切です。生活を見直すことでがんの発症を抑えることは可能だということも忘れてはいけません。原発事故後、いろんな市民団体やＮＰＯで発酵食品講座を開いている話をよく聞きました。私たちの日常の中に放射性物質がある以上、それの性質を理解して、免疫力を高める必要があるのです。

福島の農作物には原発事故由来の放射性物質を含まれています。しかし市場に流通する農作物の数値は安全基準を大きく下回っています。もし近所のスーパーに福島県産の美味しそうな桃が並んでいたとします。貴方は買いますか？　隣に長野県産の桃が同じ値段で並んでいたらどちらを買いますか？　福島県産には、間違いなく極めて微量ですが放射性セシウムが含まれています。長野県産より安かったらどうしますか？

原発事故後、小出裕章さんが講演で「国は全国の農作物の放射能汚染値を表示するようにすべき」と話していました。つまりキロあたり福島県産○○ベクレル、栃木県産○○ベクレル、長崎県産○○ベクレルというふうに。確かにそうやって表示することで福島県産への風評被害は少なくなり、私たちは生活の中で放射性物質と向き合うことになります。

原発を推進している国には、国民へ放射能の危険性の情報を正確に伝える責任があります。事なかれ主義で情報を隠蔽する日本政府を、国民は信用していません。

原子力は悪魔の科学技術です。このテクノロジーは現代科学の頂点に立つものとされていました。だから過酷な原発事故はおこらないものだと、私たちは「安全神話」を信じ込まされていました。ところが事故は起こりました。

私たちは今も消費社会の呪縛から逃れることはできずにいます。冬は暖かく、夏は涼しい快適さを電気というエネルギーを消費しながら享受しています。

「原発の代りになるエネルギーはあるのか」と推進する側は言う。自然エネルギーは決して安定したものではない、と言われればそれまでです。となると原発を受け入れるしかないのか。今問われていることは便利な生活、快適な生活。それを今一度、問いなおすことではないかと思います。

二〇一一年三月一一日、東日本大震災、福島原発事故。今も福島県には放射能で高濃度に汚染された地域が広がっています。その被災地で生き続ける何十万という人々がいることを忘れてはいけません。

●中間貯蔵施設とは

原発事故で発生した汚染土壌を集中的に管理するために福島第一原発を囲むように中間貯蔵施設が建設されました。ここに県内の九五％の汚染土壌が搬入されています。これの再利用として、新宿や所沢に持って行こうとしましたが地域の住民の方に反対されている状況です。中間貯蔵施設については、三〇年で県外に最終処理場へ

福島県作成HP中間貯蔵施設のパンフレットより

搬出すると法律で決められています。

今中哲二さんの話だと

――そんなに上手くいくはずないでしょう。日本の優秀な官僚がそんな逃げ道のない法律を作ったのか、と驚きました。処理したものは東電の敷地の中に保管するのがスジだと思います。

もう一つ、汚染土壌で言えば、今の法律ではすぽっと抜け落ちた汚染土がそこら中に放置されています。例えば飯舘村の山の土壌はキログラムたり数万ベクレル。何の法律も適用されずにほったらかしにされています。

本来、それは許されないはずです。私自身、原子炉の管理をしていたと言いましたが、事故が起きる前までは、原子炉の廃棄物は、原子炉等規制法という法律でかなり厳しく管理されていました。管理しなくていいものは、一キログラムあたり一〇〇ベクレル※。

私は今でもこの基準が適用されると思っていますが、事故後、国は放射性物質汚染対処特別措置法を作って原発事故由来の汚染物は規制法の適用外としてしまいました。

※：ベクレルとはBqと表記し、放射線の強さを表す単位で、一秒間に崩壊する原子核の数で表されます。例えば、一秒間に原子が一〇〇回崩壊すれば、その物質の放射能は一〇〇ベクレルである。ベクレルは主に食品や水・土壌の中の放射能の線量を表す場合に一キログラムあたり「〇〇ベクレル」で表す。

●中間貯蔵施設というもうひとつの真実ー国は用地収得をごり押し

中間貯蔵施設用地の七一・一％（約一一三七ヘクタール・全体は約一六〇〇ヘクタール）は用地収得されています。地権者は二三六〇人、そのうち一七四三人と土地収得の契約を結んだことになります。政府・環境省は二〇二三年一二月末現在、汚染土壌の保管のために必要な用地確保のめどはついたとしていますが、これからは福島県外での最終処分場の選定が大きな課題として残っています。

当初、住民は中間貯蔵施設用地の買収や地上権設定の交渉は、先祖代々の土地へ汚染土壌が持ち込まれることに抵抗感を持つ人が多く、二〇一五年末の用地取得率は一五・六％にとどまっていました。しかし、避難生活の長期化を背景に、一七年頃から交渉が進み、二〇二〇年一一月末時点で七四・八％（一一九七ヘクタール）に達しています。残る買収予定地のうち、道路などを除いた民有地は一割ほどになり、環境省は「必要な用地はほぼ確保できた」としています。しかし、未買収地は「交渉」が難しい土地も多く、今後は「必要に応じて随時交渉する方式に切り替える」との方針を地元にも説明しています。

汚染土の搬入は二〇一五年三月に始まり、ピークを迎えています。今月三日時点で予定量（約一四〇〇万立方メートル）の七割超が施設に持ち込まれた。同省は搬入について「二一年度中のおおむね完了を目指す」としていましたが、新年度に「二一年度にも完了する」と方針を改めています。

（福島県作成中間貯蔵施設のパンフレット表紙より）

中間貯蔵施設：国が1兆6000億円を投じて建設。福島県内の除染で発生した汚染土や廃棄物を受け入れる。汚染土から石や草木を分別する施設や、分別後の土を保管する施設、草木などを焼却する施設などで構成される。

残る課題は、地元の受け入れ条件である「保管は最長三〇年」「県外での最終処分」の厳守だ。最終処分場の県外候補地について、具体的な議論はほとんど行われておらず、確保のめどは立っていません。

条件の厳守を求める地元の声は強く、同省幹部は「汚染土の搬入完了後、県外での最終処分の議論を起こしていく必要がある」としています。

（読売新聞二〇二〇年一二月一一日　福島民友二〇二〇年一二月一一日）

売買契約を結ばなかった地権者一五〇〇人については、土地の所有権を地権者に残し、国が使用料を一定金額を支払う地上権の契約を結ぶことになっています。この契約交渉から見えてくる国の姿勢は、国民の財産権を侵害するものとしか言えません。

●忘れられた憲法〜公共の福祉

日本国憲法二五条では、すべての国民は健康で文化的な最低限度の生活を営む権利を有する、としています。いわゆる生存権です。

どんなに厳格に運転されても、原発からは日常的に微量だけども放射性物質は排出されています。「科学的」にその影響が証明できない、ということでそのリスクは無視されています。一方、原発が暴走して過酷な事故に至ると私たちの健康は脅かされ、侵害されます。原発は私たちの生存を脅かすもので、生存権の侵害です。

原発事故で侵害されるもう一つの権利。それは財産権です。憲法二九条は国民の財産権を記しています。

一　財産権は、これを侵してはならない。
二　財産権の内容は、公共の福祉に適合するやうに、法律でこれを定める。
三　私有財産は、正当な補償の下に、これを公共のために用いることができる。

中間貯蔵施設の用地収得交渉から見えてくる国の姿勢は、とにかく中間貯蔵施設の用地をすべて

国のものにするということで、財産権の侵害です

国は汚染土壌の二〇年後の県外搬出は無理だと考えているのではないか、と多くの地権者、県民は感じ取っています。つまり国は中間貯蔵施設を最終処分場にすることを考えているのだと思います。国民の財産権を侵害して汚染土壌を管理してしまう。ここにも法律無視の現実があるのです。

原発事故には憲法は存在しません。

中間貯蔵施設の計画が始まったころ、先祖伝来の土地を売り渡したり、貸すことに多くの地権者は躊躇しました。しかし福島県の復興のために苦渋の決断をして土地を提供することに同意しました。

憲法で保障された財産権は公共の福祉の下に制限されます。では原発は公共の福祉に寄与したのでしょうか。原発は電力を生産するプラントです。電気エネルギーは現代社会では必要不可欠なものです。この一点において原発は私たちの役にたっているわけです。

しかし……一たび、事故で暴走し、放射能汚染が広がると広大な地域で人は住めなくなります。その周辺の共同体は元に戻るのには一〇〇年単位の時間を必要とします。そこで生きた人たちの息づかい、温もり、育んだ文化。それらは強制的に途絶えてしまいます。

原発は公共の福祉に反するものです。

私たちは現代社会の持つ、豊かさを求めるという宿痾と向き合い、考え直すことが必要です。

事故の責任は原子力発電を国策として推進した国と電力会社にあります。私たちには彼らの責任を断罪する責任があります。

そして私たちは科学技術によって作り出された「豊かさ」をもう一度、検証し直す責任もあると思うのです。お金中心の物質的豊かさを求めることが私たちの生活の中心になっていないか。「便利さ」を私たちは克服し、これまでの豊かさとは違ったもう一つの豊かさを創造する、そんな時代に生きています。

中間貯蔵施設から見えてくる、この国の姿

門馬好春（30年中間貯蔵施設地権者会）　聞き手　吉原直樹

初出：本の出典　ロシナンテ社の「月刊むすぶ」二〇二二年二月から四月（六一三号〜六一五号）で掲載

福島第一原発事故から一一年目の二〇二二年、事故後の帰還困難区域は七市町村（南相馬市、浪江町、双葉町、大熊町、富岡町、飯舘村、葛尾村）で、その面積は約三三七㎢におよびます。政府はこのうち二七・五㎢を特定復興再生拠点に指定して、二〇二二〜二三年春をめどに解除するために優先的に除染を進めています。そして今なお、約二万人の住民が避難生活を強いられています。

事故を起こした福一（フクイチ）原発は、双葉町、大熊町を跨いで建っています。廃炉へ向けたロードマップ（工程表）は何度も見直しがされ、デブリの取り出しのめどさえ立っていません。

そんな原発を囲うように建設されたのが中間貯蔵施設です。南北七・五km、約一六〇〇ヘクタール、約八割が民有地で、事故前は約三〇〇〇人が暮らしていました。県内の仮置き場など保管されてきた除染で発生した土や廃棄物のうち、一キロ当たり一〇万ベクレル（Bq）を超える焼却灰などを保管する施設として、二〇一五年三月一三日から稼働しています。政府はこの施設を三〇年間稼働

し、二〇四五年三月一二日までに県外の最終処分場に廃棄物等を運び出すという約束を福島県、双葉町、大熊町とかわしています。

環境省は、この中間貯蔵施設の地権者に対して、二〇一五年頃から用地買収の交渉を重ねてきました。二〇二一年、一二月末で七七・八%の用地買収を終えています。その用地に対して、地上権を設けた政府（環境省）、東電、そして原発事故そのものと向き合い続ける地権者がいます。当初、双葉、大熊両町に五つの地権者会がありました。今もなお、活動を続けているのが、30年中間貯蔵施設地権者会です。四六回にわたる団体交渉を環境省と重ねてきました。

この交渉の経緯や原発事故の不条理について、原発事故後、大熊町の住民の聞き取りを続けてきた社会学者・吉原直樹さんが、30年地権者会の門馬会長兼事務局長から聞き取りをしました。

●権利を奪われた被災者三〇年で終わらない

吉原　原発事故の不条理を象徴的に表しているのが中間貯蔵施設です。門馬さんにお話を伺うことで中間貯蔵施設をめぐる動きがおおよそ分かるんではないか、と思います。まず三点に関してお伺いします。

一点目は、中間貯蔵施設が復興全体のどのような位置を占めているかをお伺いしたいと思います。二点目は、中間貯蔵施設に関わるいろいろな主体、国とか県とか、30年地権者会などがもそうなんですが、そのような主体の間で、どのような利害の相克、争いがあったのかという点です。さまざま利害がせめぎ合う中で、30年地権者会がどういう役割を果たしてきたのか。三点目は、利害関係者としての30年地権者会は、どういう位置にあったのか、それがこれから、どういう方向に向かって行くのかという点です。

まず第一番目からお伺いしたいと思います。そこで話のとっかかりとし、30年地権者会の環境省との交渉の推移を大雑把にお話しいただければと思います。

門馬　先生のご質問の趣旨にあった答えになっているか、疑問ですが、まず中間貯蔵施設が復興全体にどのような位置を占めているか。こちらについては、福島の真の復興については、「福一」（フクイチ）の廃炉、それを取り巻く中間貯蔵施設の事業終了」これがないことには、本当の意味での真の復興はスタートしないと考えています。二〇一四（平成二六）年一二月30年地権者会を立ち上げたとき、私どもは

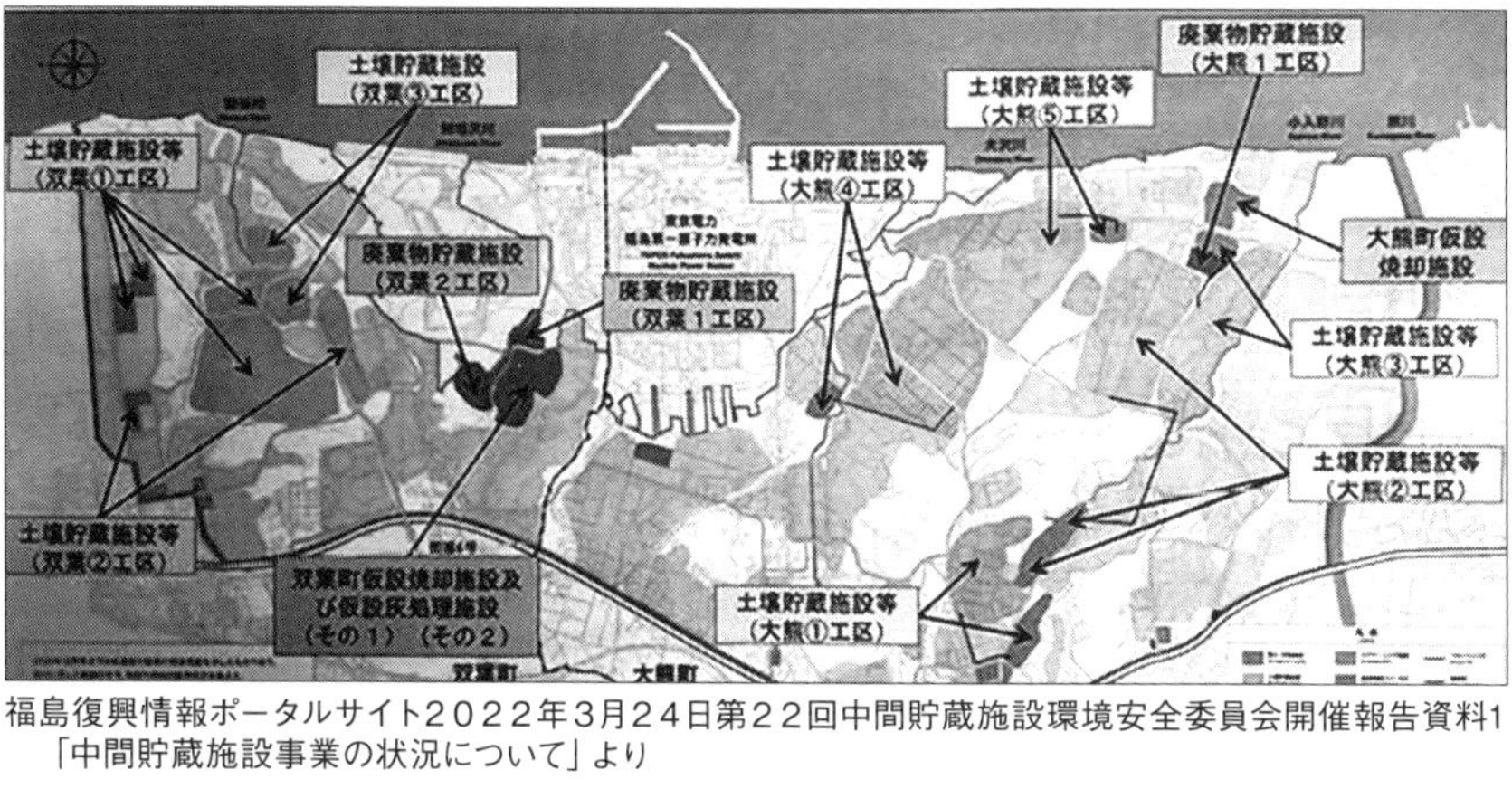

福島復興情報ポータルサイト2022年3月24日第22回中間貯蔵施設環境安全委員会開催報告資料1「中間貯蔵施設事業の状況について」より

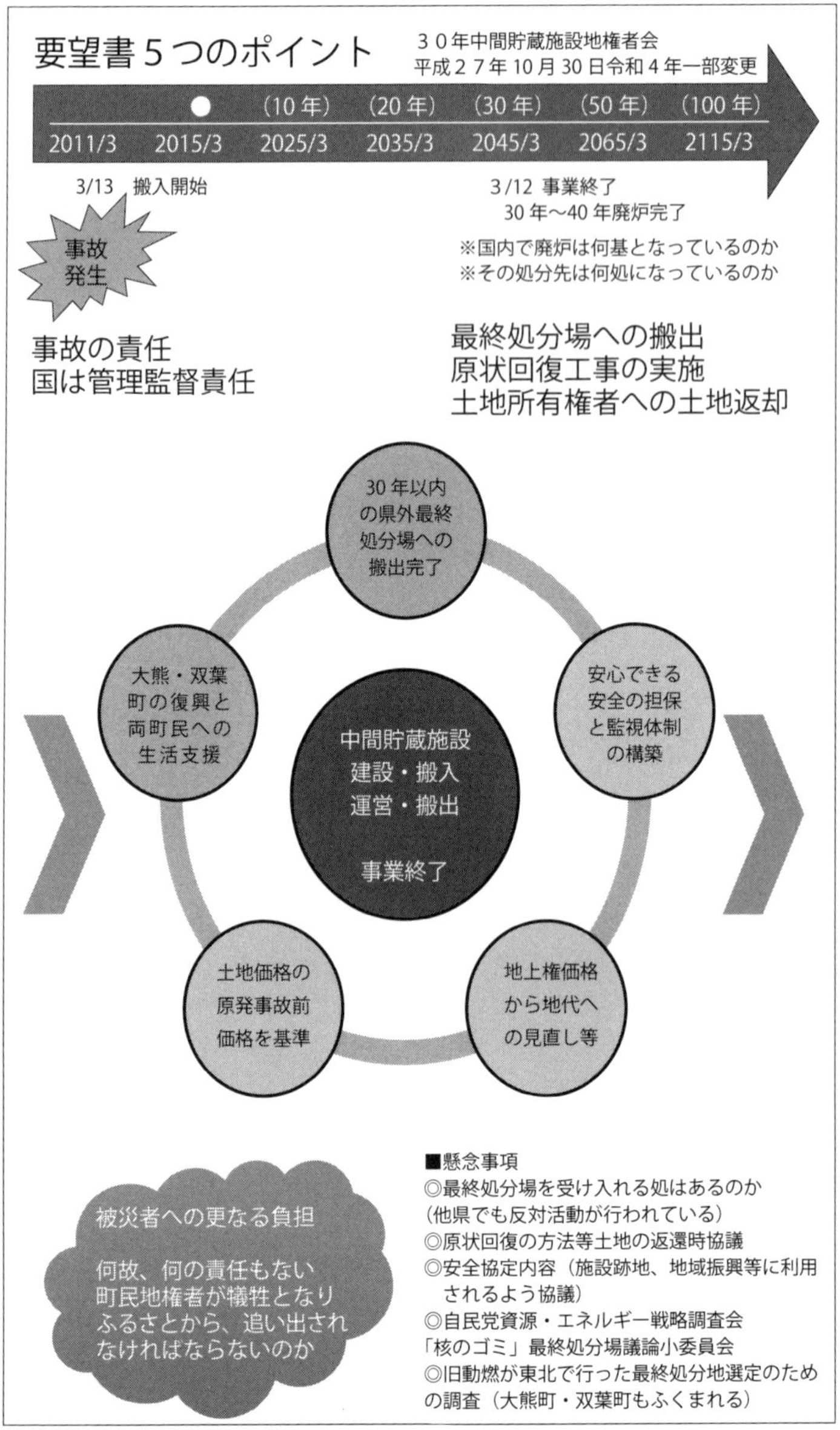

重点項目として【五つの要望】を作っています。その重要ポイントの一つは、「三〇年以内」福島県外最終処分場への搬出での事業終了。その次に「安全・安心」の担保と監視体制の構築。それと用地補償。これは土地価格「原発事故前価格」を基準とすることと合わせて地上権価格「ルー

ルを適用した地代への見直し」。五つめが、大熊町、双葉町の「復興」と両町民への「生活支援」。この五つを重点項目として上げています。そしてこの五つは、それぞれが独立してあるのではなく、それぞれが密接につながっていますが、これがとても大切なことです。

この中でいま一番、力を入れているのが、三〇年以内に福島県外最終処分場への搬出による事業の終了と深く密接につながっている用地補償です。後でもお話しますが土地の使用補償契約は国のルールでは土地賃貸借契約であり、地上権を設定することはルールには書かれてありません。しかし、国は地上権を独断的に決めて、さらにルールの地代でない地上権価格としました。

そしてこの国が一方的に決めた地上権価格と土地価格により、地権者は不当な扱いを受けています。国は今も全面国有化を「お願い」といいながら強力に「命令」として進めています。これはまるで、一九四〇（昭和一五）年陸軍が大熊町側、福一（フクイチ）原発敷地に磐城飛行場を造った時と本質的には同じやり方です。当初から国は全面国有化で進めています。なぜ「三〇年間の仮置き場、保管場」なのに全面国有地化なのか？

計画時点の二〇一四（平成二六）年に国側による要望は受け入れない一方的な住民説明会や地権者説明会などがありました。その後の環境省との用地交渉では地上権の契約内容においても地上権価格と土地価格の補償額の比較においても、すべてにおいて、三〇年間で事業を終わらせなくてもいいような逃げ道、抜け道、時間稼ぎの仕組みの中での環境省説明で到底納得できるものではありませんでした。このために、今も環境省と交渉を行っています。

吉原　つまり30年地権者会としては、三〇年内に県外へ搬出することを確約してもらわないと話が始まらないわけですよね。ところが国はこれに対して、明確な言質を与えないわけですよ。だから30年地権者会では、工程を明らかにしろと、そうしないと合意に至らないと主張しているわけですね。

国は形だけはちゃんと交渉をしてきたとしている。但し問題なのは、言質を与えないことです。それによって中身を形骸化していくのです。どういうことかと言いますと、国は一貫して解釈に幅をもたせようとするのです。解釈によって、どうにでもなるのです。それがある意味で国の常とう手段になっているのではないでしょうか。そういう中で30年地権者会は契約までしなさいとずっと主張してこられたわけです。それを前提にして交渉をやってこられました。これは、具体的な中身になってくるんですが、地上権価格の見直し、原発事故前の価格を基準にした価格設定をもとめてきたわけですね。ここで30年地権者会は、用地補償のための統一ルールを打ち出しました。これはもともと国が決めたことを踏まえて出しているわけですね。

門馬　そうですね。今、先生の方でお話しいただいた三〇年以内の県外搬出と補償内容のお話ですが、環境省の用地交渉、地上権契約書、用地補償の三点についてお話します。中間貯蔵施設は二〇一五年の三月一三日から搬入して事業を開始しました。

まず一点目、環境省の用地確保のための交渉ははじめの頃、恫喝的なものもありました。これは、先ほどの全面国有化とつながってきています。

環境省の交渉員は事前に約束を取ることもなく、仮設住宅に住む地権者の老夫婦を訪ねました。その地権者は、先祖からの土地であり地上権契約（貸したい）を申し入れましたが、環境省は強圧的に買収の話をしております。これに対して、30年地権者会として福島県や大熊町、双葉町に実情を話して、環境省に抗議の上そういう交渉はしないように強く申し入れた結果、このような恫喝的な交渉はなくなりました。

しかし少し前まで、地上権の契約をしたいという方には、「少しでもいいから売ってくれ」というお願いを環境省はしています。この買収を優先した交渉事例は、環境省の用地交渉員に買収のノルマがあるようにしか受け取れません。

二〇二一年は用地の確保がある程度できたからか、地上権の契約の意思表示を示した地権者に、環境省がそれを断ったとの声を耳にしました。また、私との個人交渉の中でも環境省側から「門馬さんの土地は今すぐ必要な土地ではない」との話を直接聞きました。

続いて、二点目の地上権契約書内容についてですが、先ほども少しお話ししましたが国のルールでは土地賃貸借契約であり、地上権を設定することはルールにはありません。地上権とは民法上の物権であり、所有権の次に強い権利です。しかし、国はこの地上権の設定を勝手に決めてしまいました。私たちは初めに環境省が提示した契約書を何人かの法律の専門家に確認してもらったところ、皆さんが同じく「この契約書は、三〇年後、土地を返さなくてもよいと解釈できる内容だ」という回答でした。

その理由ですが、この契約書の何が「目的」になっているかと言いますと、中間貯蔵施設でなく「建物所有」でした。この場合借地借家法が適用になり、三〇年後、地主がその土地を使うという意思表示をしない限り、土地は戻ってきません。これは帰還困難区域であり、且つ中間貯蔵施設では、三〇年後自分で使える状況になっているのか、あるいは自分から言いにくい状況が出てくることも予想されます。これらから、つまり返さなくてよいとなります。30年地権者会としては交渉の初めは三〇年後国が確実に土地を返さなければいけない、もっとも地権者にとって強い契約である「事業用定期借地権契約」を申し入れましたが、環境省の頑なな拒絶と地権者との契約が進んできた状況からやむを得ず、地上権の契約内容の見直しに重点を置いた交渉を行いました。結果、契約目的を「中間貯蔵施設の設置」に変更し、全体で約三〇項目の見直しをすることができました。これが二〇一七（平成二九）年七月の第二〇回目の団体交渉です。

環境省は、この建物所有目的を地上権の設定登記にも入れていました。ですから登記の方も直すことの合意を得ました。当時、富岡町の地方法務局がいわき市に移っていましたから、いわき市の法務局へ私が行きましたところ、国が途中から法務局の登記済の内容まで変えるというのは異例中の異例だという話でした。これは、環境省の地上権の契約書内容が間違っていたことを環境省自身が認めたことだと理解しています。

三点目は、先ほどの用地補償ですが、土地価格について環境省は、原発事故前価格の五〇％にしています。これは国のルール、憲法の二九条（財産権）に正当な補償とありますが、この正当な補償を体現しているのが、強制力を伴っている土地収用法です。そしてこれらと整合性を持たせているのものが、昭和三七年に閣議決定された任意交渉の「公共用地の取得に伴う損失補償基準要綱（以下「要綱」と記す）」という非常に長いタイトルのものです。

実は公共事業を行うとき、例えば火葬場を作ったり、下水処理場等を作ったりするときには、その土地の価格が低下しますから、そういったものは低下しないということで土地価格を出します。一方、駅などを作ると土地価格があがります。その場合は投機的なものを除いて通常の取引価格として扱うということになっています。ところが環境省は、中間貯蔵施設を作るから下げるんだという論法です。しかしそれでは明らかに従来からの国のルールに反しています。

関連した事例を一つ、二〇二一年は、原発事故から一〇年でした。それでメディアが、大熊町の渡辺利綱前町長を取材しています。その中で渡辺前町長は「国との事前交渉で中間貯蔵施設を作るときに地権者には、東電の財物賠償で土地の下落分を払っているので、上乗せはできないと言われた」とインタビューで答えています。また、同じく大熊町の石田仁前副町長も今井照氏の著書「原発事故自治体からの証言」の中で「国の説明は東電の全損賠償で終わっています。原発事故で評価額が下がっています。事故後の時点での価格だ」との説明であったと、そういったことが書かれています。そうすると賠償は賠償、補償は補償という本来、分かれている大原則の話をワンセットにして、全体を不当な低額にしようとしていたわけです。

もう一つ、地上権価格に対しては、当初30年地権者会としては環境省に対して、その割合の見直しを求めました。しかし、各専門家の先生方に伺いましたところ、先ほどの日本のルールである要綱の中では、条文で「土地使用の補償は地代をもって補償する」と算定方法が明確に定められているとのことでした。実は要綱と整合性のとられている土地収用法の七二条でも地代と書かれていています。これは考えてみても公平の原則から当然のことです。ですので、中間貯蔵施設も地代をもっての補償する、がルールとなります。同じく環境省が行っている仮置き場の土地使用補償は、当然ですがこのルールに合わせて土地賃貸借契約書で、毎年地代を地権者に支払っています。

ですので、私たち30年地権者会は、日本のルールに基づいた地代で補償をして下さい、と繰り返し国・環境省に対して口頭と文書で申し入れています。そしてこれと合わせて地代や土地価格がいくらかというのは、国・環境省がこの日本の統一ルールの「地代」を認めたその後に、二〇一三（平成二五）年度から依頼している日本不動産研究所の一社だけの鑑定評価だけではなくて、複数の不動産を鑑定評価する会社に依頼して、土地価格と地代を出してください、というような交渉をしています。

吉原　お話を伺いますと、やはり国の用地補償に対するルール設定の矛盾点をついていると思います。お話を伺ってなるほどと思ったのは、30年地権者会は新しいルールを設定しているというよりは、既存の法令に定められていることを国は真摯に履行しなさいと言っているわけですよね。

国には、ある種の意図があると思います。それを解釈によってああでもない、こうでもないというふうにねじ曲げていくわけですよね。つまり国は法律やルールを決めているのに、それらを解釈によって変更する。そうした点で国は明らかに自己否定している。そこに国の意図が如実にあらわれていると思います。先ほど、門馬さんが言われましたように国としては、地上権設定よりも売買に応じてもらいたいわけですね。

門馬　そこはまったくおっしゃる通りですね。

先ほど福島県外最終処分場への搬出による事業終了の話をさせていただきましたが、これは、法律、JESCO（中間貯蔵・環境安全事業株式会社）法を改正し、国が三〇年間の事業であると約束をしました。二〇一四（平成二六）年一一月です。しかしこの条文は「三〇年後に完了するために、必要な措置を講ずるものとする」という内容です。合わせて環境省と福島県と双葉町、大熊町との四者間で結んでいる「中間貯蔵施設の周辺地域の安全確保等に関する協定書・

二〇一五（平成二七）年二月二五日締結」ですが、これも同様に「中間貯蔵開始後三〇年以内に、福島県外で最終処分を完了するために必要な措置を講ずるものとする」となっています。

さらに、先ほどお話した売買を優先した用地交渉も環境省提示の返さなくてよいと解釈できる地上権契約書も土地価格より不利な地上権価格も同じです。国の意図は、三〇年後にも事業を終了させなくてもいいんだという抜け道、逃げ道を作り、時間稼ぎをすること、そこにあります。

フクイチの廃炉では廃炉の定義がされておりません。東電の中長期工程表でデブリの取り出し開始から廃炉終了を決めるのは東電とされています。これも加害者側がルール決定をしているわけです。既存の法律もルールも守らないで、加害者側が一方的に決めているのが現状なのです。繰り返しますが、この中間貯蔵施設事業は、最長でも二〇四五年三月一二日までの事業なのです。

●破綻した国の論理

吉原　さきほども述べましたが、国には焦りがあるように見えます。背景として廃炉がうまくいっていないということがあるのではないでしょうか。

門馬　私も中間貯蔵施設と廃炉はセットだと考えています。今の廃炉への取り組みはまったくうまくいっていません。廃炉の根本であるデブリの取り出し、汚染水タンク、汚染水の海への放出だけではなくて凍土壁からの漏洩など、すべての工程も含めて、全くうまくいっていません。これらの報道も頻繁に出されています。汚染水の放出については、東電が福島県、双葉町、大熊町に汚染水の放出の準備ため「廃炉の実施に係る周辺地域の安全確保協定（二〇一五年一月七日東電、県、両町の四社間で新協定書締結）」に基づき汚染水の工事に必要な「事前了解願い」届を提出しています。ですので、福島県、大熊町、双葉町がこれに了解を与えれば、汚染水の放出になってしまいます。（※二〇二三年八月二四日第一回汚染水放出開始）

もう一つ、廃炉の定義を明確にすること。中間貯蔵施設では県外最終処分場選定の工程表です。今の工程表は絵に描いた餅のようなものです。この工程表は、全国に汚染土をばらまくようなものです。そのために国は再利用の基準を従来の一〇〇ベクレルから八〇倍の八〇〇〇ベクレルに変更してしました。すでに抜け道を使って県外に運び出されています。国は無責任な構造の中で物事を進めています。ここにきて、環境省は二〇二〇年に行ったアンケート調査結果、県内県外共に三〇年以内に福島県外の最終処分場への搬出を知っている人が、県内の方が五〇%、県外の方が二〇%しか知りませんでした。このように非常に少なかったことから、環境省対話フォーラムを、二〇二一年五月、九月、一二月と開催しました。（二〇二三年八月第9回で終了）

しかし、このことについて、私どもは、二〇一五（平成二七）年最初の団体交渉から、環境省に対して一番難しいことは、福島県外最終処分場の選定であり、この問題を後回しにするんじゃなくて、始めから取り組むべきであると何度も要求してきました。これは当然ですが福島県外への最終処分場の建設は、受け手がないとできませんから。だから一番、難しいことから工程を立てて進めていかなければなりません。それを放射能ごみの減容化とか、南相馬市小高地区の高速道路の下に埋めて汚染土の再利用を計画することを進めました。この小高地区の計画と二本松市での再利用計画は反対にあって頓挫しましたけども、そういう誤魔化しばかりを先行優先させてやっている分、悪質だと思います。

福島県内でやっている中間貯蔵施設の環境安全委員会、二〇二一年の一二月で第二一回を数えていますが、そこには私ども30年地権者会の作本副会長が双葉町町会議員の委員として出席しています。同年、三月に行われた第一九回の環境安全委員会では、作本委員から中間貯蔵施設の認知度向上の目的から全国への映像公開提案をして、その年の一〇月分から映像公開になりました。しかし、双葉町の町議会の全員協議会でのユーチューブのように再生してみることができないものですから、環境安全委員会が開催されている時間に視聴できない方は映像を後で見られません。そういったことから、一人でも多くの県民、国民が、中間貯蔵施設の課題と問題について各委員と環境省の議論や、やり取りを見られるようにしなくてはいけないと考えています。

環境省の対話フォーラムも同じですが、当初、私もズームで参加していましたが、私の質問は無視されました。私の知っている方は、申し込みをしましたが参加できませんでした。このフォーラムの進め方も一方的なやりかたで対話ではなく国・環境省の一方的な通告です。このように国・

環境省の対話や情報の開示には都合の悪いものは出さないという大きな問題があります。

吉原　つまり中間貯蔵施設そのものの矛盾が出てきていると思います。それはまぎれもなく政府の失敗です。その上で30年地権者会があらためて注目されるのは、それを指摘するだけではなくて、具体的に自分たちが掲げた案件をどのように達成するのかをたえず検討しながら交渉を進めておられることです。

今、ご説明がありましたように用地補償においてはっきり格差が生じています。つまり売買の場合と地上権設定の場合に信じられないような補償額の格差があるんですね。それから仮置き場の補償額とも格差があります。30年地権者会は、そうした格差が国の都合のいい施策によって格差を作り出されしていることを根拠にしめしながら、一つひとつ衝いてこられたわけです。

なぜ、国は自己否定をするようなことをやるのか。私に言わせれば、やはり廃炉がうまくいっていないことが大きいと思います。考えてみれば、廃炉の問題は、日本の他の原発でも問題になってきます。国は原発の稼働期

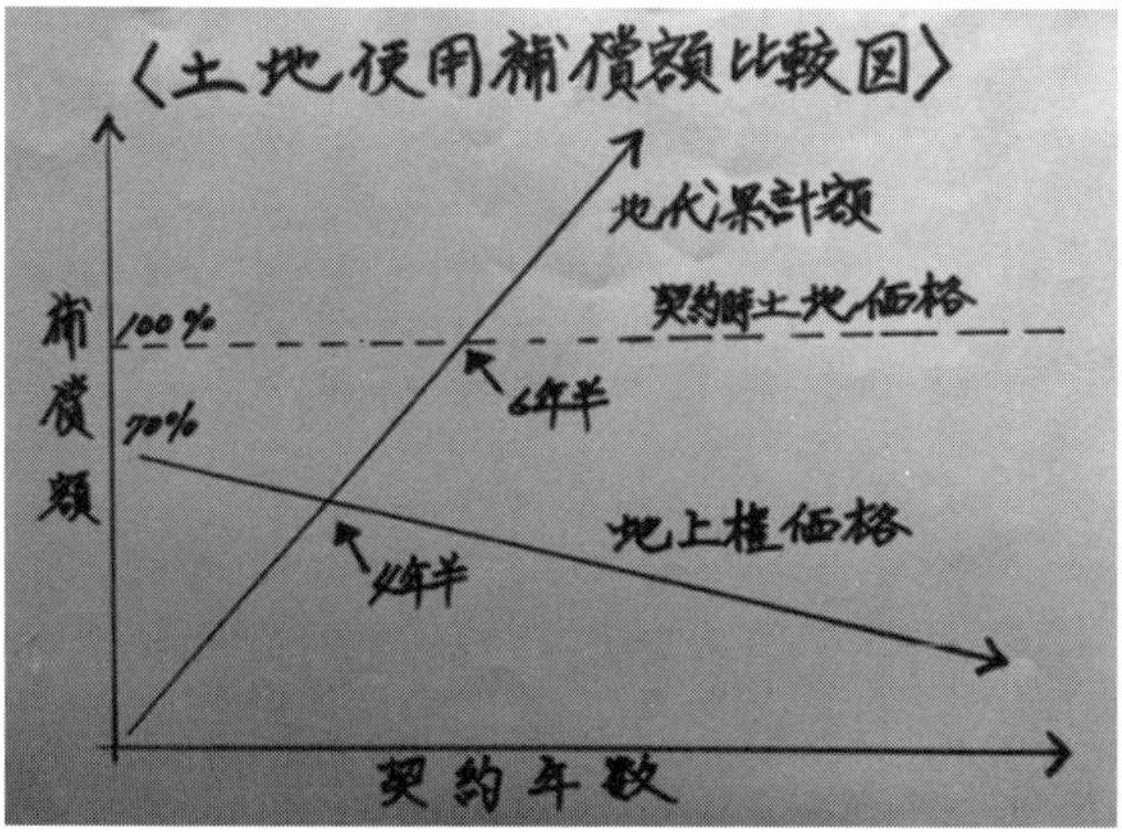

仮置場地代累計額と中間貯蔵施設地上権価格の比較図

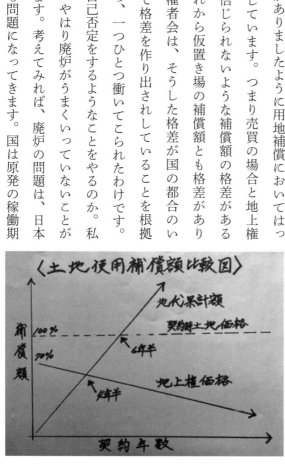

間を三〇年、四〇年とどんどん引き延ばしています。だが、いずれは廃炉にしなくてはいけません。国としては、ここで工程表をだすとさらに苦しい立場に追い込まれ、矛盾がさらに矛盾を深めるといった、非常に深いジレンマに陥る惧れがあります。

しかし交渉の場では、その場任せの解釈で乗り切っている。30年地権者会が国に対して、法律に即して問題点を上げていっても、国は解釈で逃げてしまう。その姿勢は、終始一貫しています。30年地権者会では、国に対して、交渉の過程を公開するだけでなく、さらに自分たちの言っていることを官僚特有の解釈で捻じ曲げていくのではなくて、法理論的に誰もが納得するような説明を行うことを要求していくことがますます重要になってくると思います。

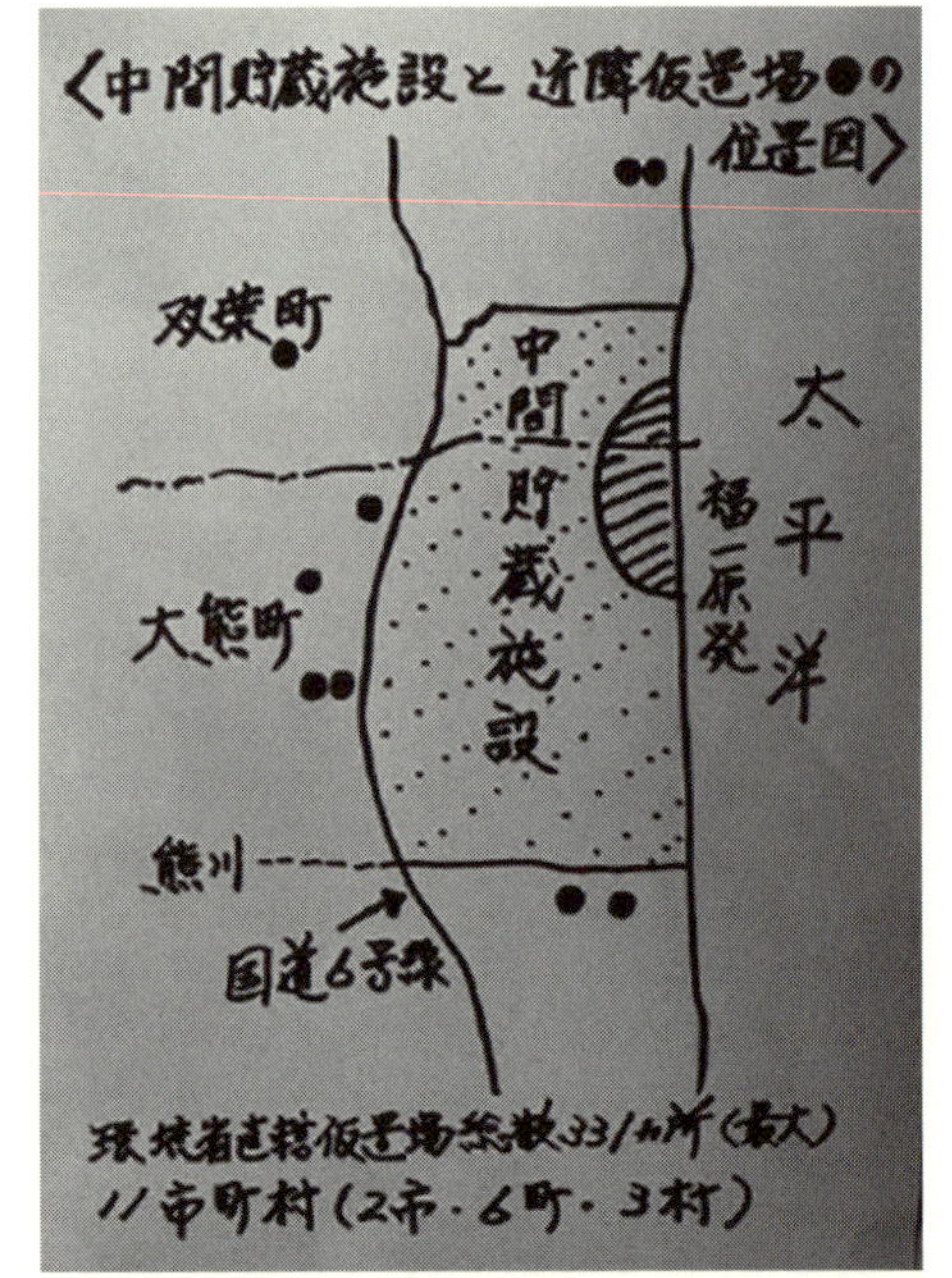

中間貯蔵施設と主な近隣仮置場●の位置図「この同じようなエリアでなぜ土地使用補償額が違うのか」

それにくわえて、さらに考えておかなければならないのは、一般の国民レベルで原発事故が風化する傾向にあることです。残念ながら、メディアの中にはもそういう傾向を助長する動きも見られます。そうした流れの中で30年地権者会のスタンスが、なかなか理解されにくくなり、ひいては当事者でない国民にとっては、自分事ではないということになってしまいかねません。本当は30年地権者会の掲げているテーマ、そして実際に行っている団体交渉は、国民にとっても自分事であるはずなんです。でもそれが他人事になってしまっています。私からみれば、国はどうも他人事の方に持っていこうとしているように思えてなりません。国は交渉過程において争点になっていることを引き延ばして、うやむやにしていこうとしています。そういう中で30年地権者会が自分たちの要求の正当性を、交渉過程を公開することによって、多くの人々に明らかにしようとしても限界があります。それ以上に国は争点を引き延ばし、どんどん先伸ばしていきます。国としては、明確な答えを与えない方がいいわけです。これまでの交渉過程を追っていると、これの繰り返しであることがよくわかります。こうした動きは一部メディアを抱き込むことによって、いっそう加速しているようにさえ見えます。気が付いたら、個別の売買に応じていく人が少なからず出てくるわけですね。

いま30年地権者会にとって何よりも求められているのは、自分たちのやっていこうとしていることをより普遍性をもった他の争点ともつなげていくことではないかと思います。そしてそう考えると、いま一度中間貯蔵施設の問題を、多くの人びとが自分事と考えるような「復興」全体の枠組み中でとらえ直す必要があるかと思います。国は一般の国民を忘却の彼方に流し込もうとするスタンスをますます強めているように見えます。だからこそ、30年地権者会の主張の正当性をより広い文脈の中で、より遠いところへと投げかける必要があるのではないでしょうか。

●侵害される私たちの財産権

門馬　地上権を地代に見直すということは、中間貯蔵施設の用地補償として非常に大切です。この用地補償については、二〇二一年の一一月、第九回、環境省説明会の中で（これはマスコミのいる公開の説明会）完全に用地補償の環境省の考えは破綻しました。その点を環境省から文章でもらおうとしていますが、多分、「総合的な判断」という一行で終わると思います。ただ口頭の回答の中では、私から出した指摘や質問、意見などに対しては、環境省はまったく答えられませんでした。30年地権者会、門馬のいうことには、ハイとうなずいてくれました。すべて論破したのです。

私は、環境省に団体交渉や専門家を交えての交渉を申し入れていましたが、二〇二一年四月、小泉環境大臣の時に「30年地権者会との団体交渉は、もう四六回やったから、やる必要はない」と団体交渉の打ち切りを電話で通告してきました。中間貯蔵施設の中に私も土地を持っていますので個人交渉も続けています。この個人交渉も団体交渉と同じ内容でやってきました。個人交渉は、専門家の方が入ってはいけないというルールはありませんから、この交渉には法律に詳しい方や会員の方にも入っていただいています。

二〇二〇年一一月の第八回環境省説明会で、「環境省としては地代の合計額が土地価格を超えるのは、憲法違反だ」と、マスコミのいる中で話がでました。これには私どもで年払い地代だと、一定の期間で、合計額が土地価格を超えることを明確にして、環境省の間違いを指摘しました。もともと環境省としては、土地の地代は長期ではない、と言っていましたが、国交省から長期も対象であると是正指導を受けています。また30年地権者会も長期も対象との訂正文書を受領しました。長期は二〇年以上。国のルールで、補償基準の基準細則の中に、地代は六%というルールがあります。そうすると長期の二〇年に六%かけると、単純に一二〇%になりますから、国のルールが憲法違反ですか？　ということになります。だからこれは、環境省に話すよりもマスコミや国民の皆さまにお話をさせていただきました。環境省の役人は、大臣や政府から「地上権でやれ！」と命令を受けていますから、地権者会の主張は正しいと言えませんし、地代に変更するとも言えません。地代に変更すると言った時点で、左遷されるのがおちです。ただ今の理屈でいえば、環境省が言っていることは、無茶苦茶なことなんです。環境省の言うことをこれまでも一通り、論破してきました。日本不動産鑑定士協会連合会に地上権の鑑定評価をした日本不動産研究所に対する懲戒請求を出しています、今、作っている最中ですが、国交省に対しては、不動産鑑定評価に対する法律というのがありまして、その四二条の中に不当な鑑定に対する措置要求書を作っています。法律上、対抗できるあらゆる手段を取っています。

このように進めているので、あわせて私たちの取り組みを国民に向けた広報活動も広げています。その一つは、二〇二一年七月に地権者会のＨＰを立ち上げました。このＨＰの内容をより具体的に分かりやすくして、これを一人でも多くの人に対して伝えていこうと考えています。それと合わせて、他の活動、用地補償や中間貯蔵施設だけではなく、原発、原子力の持つ問題、原発事故で発生したごみの問題は国民の皆様にも関係ないことではありません。放射能で汚染された土などは、全国にばらまかれる計画です。つまり自分ごと、他人ごとではないのです。福島県の中間貯蔵施設の問題だけではなくて、これは、実は沖縄の辺野古の問題と同じで、自分のこととして、考えなくてはいけない。私としては、放射能のごみの問題や原発の廃炉の問題。これらの問題と中間貯蔵施設の問題も一体のものとして、総論的に訴えていくことが大切だと考えています。根っこの問題は同じです。解決させていく問題も同じだ、ということでとらえていく必要がある。原子力損害賠償の問題も根幹は同じです。

私の土地について、これは公開していますから具体的に説明します。田んぼの東電の賠償（財物賠償という）は、平米辺り七〇〇円です。ですが、環境省の出す土地価格は二分の一で一二〇〇円です。五〇％ですから、本来一〇〇％であれば、二四〇〇円です。では仮置き場の地代はいくらかといいますと、年間で平米一八九円。これを国のルールで土地価格に換算しますと平米三一五〇円。ここでも二つの価格が出ています。これを公共事業の常磐自動車道の、大川原地区を通っている常磐自動車道はいくらかというと、七〇〇〇円前後です。

これは、平成一三年当時の大川原地区と国道六号の土地価格と地代とでは、雲泥の差があります。ここで平米辺り七〇〇〇円台前後を出しています。ということは、全くもって話にならないのです。この中で、公共事業の中で価格がいくつも発生していて、常磐自動車道の七〇〇〇円前後と、中間貯蔵施設内の私の財物賠償は、客観的な数字の比較でいうと約一〇倍の開きがあります。さらに、仮置き場の年間地代平米一八九円は、四年半で、三〇年の地上権の一括払い、平米八四〇円を超えています。六年半で平米一二〇〇円の土地価格を超えてしまいます。これは、憲法の正当な補償、土地価格が一〇〇円であれば、これで補償すれば、よそで一〇〇円で土地を買って、公共事業に協力してくれた人の生活再建に繋がります。土地の地代が一八九円なら、よそに行っても同じ地代で土地を借りて、田んぼで農業をできるという補償体系なので、代替性があるということで、公平な同じ価格です。しかし、国道六号と熊川を挟んで設置された中間貯蔵施設と仮

後方は原発事故前は田んぼ（2020.12）

置き場では大きな格差があるのです。憲法の財産権が侵害されているということです。この財産権が原発事故によって侵害されていることは、他人ごとではないのです。

環境省はすでに先ほど、お話したように根拠を示せず論理構成が出来なくなっています。環境省は、条文の地代を勝手な環境省の考えで改ざんしてしまっています。事態はここまで来ています。中間貯蔵施設は治外法権、赤信号で地権者をを無理やり渡らせている公共事業なのです。これを他人ごとではなくて、原発事故の持つ不条理ということで、やはり私どもは、こういう事故は二度と起きてほしくはありません。原発事故の持つ、不条理として、一人でも多くの国民の皆さまに知っていただきたいの

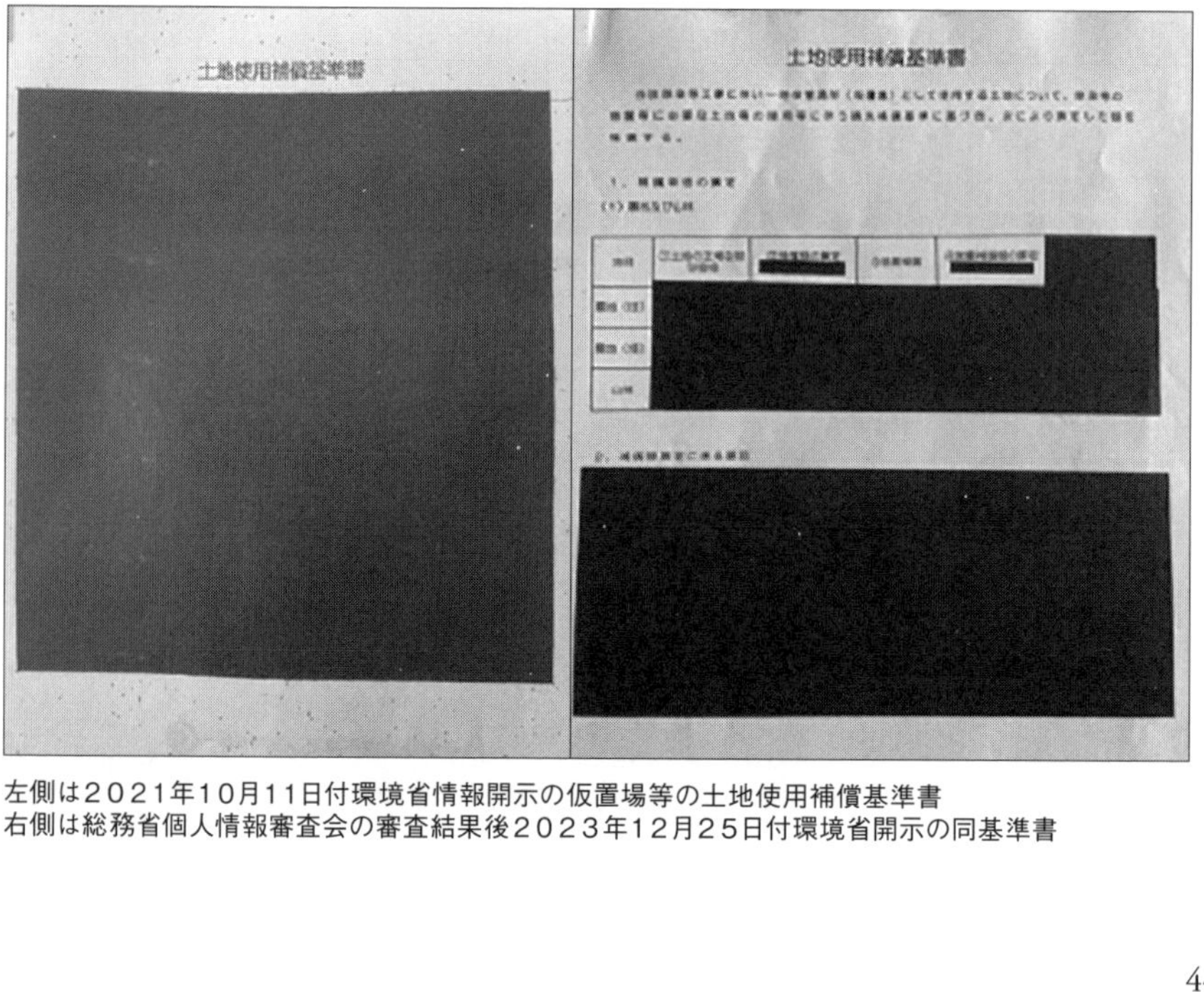

左側は2021年10月11日付環境省情報開示の仮置場等の土地使用補償基準書
右側は総務省個人情報審査会の審査結果後2023年12月25日付環境省開示の同基準書

です。今の多くの地権者がこれを知っていれば、高齢の方で相続人がいない方は売却されるかもしれませんが、そうでない方々、ほとんどの方々が、地上権契約をしています。いや地代契約をしています。こういう知識を知ることで契約決定権のある地権者が本当は強いんです。県が強い、町が強いということではないのです。

これを深く理解されている熊本一規さんが漁業権のことでいろいろ活躍されていますが、山口県上関原発については、計画はありますが、工事はすすんでおりません。漁業権補償全での受領を漁民が拒否しているからです。こういった法律や要綱での主張で原発計画を阻止できます。また事故が起こっても憲法により町民の権利が守られます。だから他人ごとではなく、自分ごととして知って頂きたいのです。もう一例上げさせていただければ、青森県の大間原発、有名なあさこハウスがありますが、今は娘さんが頑張っています。かなり悪質な嫌がらせを受けています。たった一人、地主としての捺印をしませんでしたから、原子炉施設が予定地より、二〇〇メートル移動しています。これらは、地権者や漁業権者の持つ権利の強さを表しています。憲法で守られている財産権を侵害してはいけないのです。

このように大きな力、後ろ盾が私たちにはありますから、原発そのものの不条理、原発事故による不条理を、政府の放射能のごみに対する誤魔化しを、白日もとにさらされるべきです。一たび何かあった時には、町民は、住民は、地権者は不在になって、無視されて、軽視されてしまいます。今の除染を始めとして、福島の復興の進め方は大企業中心、国中心です。

地元に交付金が回るというのは、役場の人たち、大熊町や双葉町が首を横に振らないくらいには、国はお金を出す。そこに町民や地権者は存在しないのです。なぜなら、やっぱり町民は帰ってこないわけです。そうすると移住者の受け入れを進めることになります。今、大熊町、双葉町、帰還希望率は、一〇％程度。移住者と原発作業員とか、国の関係者が入ってきます。そういう人たちが押す町長が就任することになると思います。

それまでにちゃんとした私たちの道筋を作っておく必要があると思います。国に誤魔化されている事実を国民の皆さま、一人でも多くに理解していただく、やはり一人ひとりがどうむきあっていかなければならないのか、他人ごとだと思っているとやがて、自分ごとにならざるを得ないことを分かっていただきたいのです。だからまずが知って下さい。

●国の論理は支離滅裂

吉原　今、お話を伺っていて、地権者のスタンスにはまったく揺るぎがなく、活動を貫く基本方針も一貫していることがわかります。これからの方針を明確に出されていると思います。何よりも、国の解釈とか主張といったものがはやり法理論上、矛盾があると思います。このことを明らかにした上で、それを徹底的に追及するということで、場合によっては訴訟も辞さないと、そういう強いスタンスを持って活動をすすめています。それを追及していく中で、しかも活動を常に再帰的に問い直すなかで、始原に立ちかえって、やはりこれはさかのぼって考えてみると原発事故の持つ、不条理、それをさらにそれを深堀りすることを通して、原発の存在そのもの自体の問題性に迫っています。

私はそうした点で、30年地権者会がだからそこまでの問題の追及の中で自分たちの立ち位置を絶えず確認しながら前にすすんでいることに注目していますし、ひるがえって私自身の立ち位置を問い直してみたいと考えています。確立していくのは、非常に大事だと言っておられると思います。

30年地権者会は、フクイチの事故に対する権利補償を求める、それが出発点になっています。つまり憲法で保障されている財産権の侵害にたいする異議申し立てから始まっているわけですね。しかし、地権者会の活動はそれにとどまらない、活動の広がりを持っていると思います。活動を通して、中間貯蔵施設、そして復興がこれをやることによって、部外者、外の人たちにとって、他人ごとではなく、自分たちの問題だと、いうことを考えていくきっかけを積極的に作りだそうとしているようにみえます。

そのきっかけづくりをすすめるためにも、いま一度、交渉の場における国＝環境省の立ち位置を部外者、外の人とともに確認しておく必要があると思います。門馬さんのお話からうかがい知れるように、今のお話を伺っていて、環境省の立ち位置は政府の中でも非常にあいまいなようにみえます。環境省の交渉の場での対応がはすでに法理論的には、矛盾していることについては先に触れましたが、環境省には、法制的に交渉を誘いバックアップするような体制が十分にできあがっていないのではないでしょうか。、その、法律のプロがいないんじゃないですかね？

門馬 環境省は、用地取得に関しては、国交省などからスタッフを出向してもらっています。

吉原 だから内閣府の法制を扱う部門局とかにその都度一々、問い合せしているのでないかと思います。しかし法制を扱う方で局も中間貯蔵施設の全体像を理解できていないのではないでしょうかと思います。だから政府の矛盾がこの問題にくっきりと表れてきていると思います。霞が関の中では、環境省は非常に力がの弱いと聞いております。各省庁からの寄せ集めゆえという声もありますが、もしそうだとすれば、それが福島ではきわめて象徴的な形であらわれているといえるかもしれません。

門馬 そこは先生の言われるとおりだと思います。もともと中間貯蔵施設の事業は、立場的には国交省が事業者として行うべきものです。それを押し付けられた、そんな感じですね。

吉原 だから交渉の中で地権者会が法律や条例を持ち出すと、一旦はそれを持ち帰って霞が関に上げていくの持ち帰っているんじゃないでしょうね。うがった見方をすると、交渉の現場では明確な発言はできないし、そうした権限も与えられていないのかもしれません。当然、現場では解釈で乗り切ろうとし、平気で解釈をまげて来るわけです。だから解釈自体の整合性、正当性がなくても平然とおこなわれる。まさに今のこの国の政府のあり方が如実に表れてきていると思います。

●国の「復興」と私たちの復興

吉原　こうしたガバナンスなきガバメントのありように関連してさらにもう一つ指摘しておきたいのはですが、経産省なんかの意向が交渉に大きな影を落としているように思われることです。交渉の向こう側で見えてくるのは福島イノベーション・コースト構想です。いまそれがあって、どんどんすすんでいます。それとの関連で双葉町、大熊町、特に大熊町では露骨に表れてきているのが、作業員の町として、復興していこうとしていることです。さきほど、門馬さんはそれを移住者の町と言われましたが、そういう作業員の町＝移住者の町という形での「復興」がすすんでいます。私はそれを大沢真理さんにならって「大文字の復興」と呼んでいますが、それは、門馬さんたち30年地権者会が、目指している復興とは、明らかにズレがあると思います。30年地権者会が目指しているのは、私の言葉でいえば、「小文字の復興」です。

もちろん、ここで言いたいのは、どちらが正しいとかいう話ではありません。やはり、ズレがあるときに、なぜ、ズレがあるのかを真摯に議論していくことが大事になってくると思いますが、国には、どうも自分たちの復興は変えないという前提で交渉に臨んでいるような気がします。

門馬　国としての復興は変えないという前提の部分は、今も出ました「福島イノベーション・コースト構想」現状として双葉町、大熊町はかなり取り組まれています。その内容も見ていますが、もともと核施設の原発の廃炉、このイノベ構想には、防衛省の研究機関も入り込んでいます。福一（フクイチ）を取り巻く一六〇〇ヘクタール。福一は戦前、少しの農家と原っぱでした。昭和一五年、陸軍が使うから出ていけと農家を追い立てました。私のおじいちゃんたちは、福一原発の二号機の西側に住んでいましたが、ここに飛行場を作るから、他の一〇軒と一緒に移転させられたわけです。結局、「絶対、勝つ！」と言っていた戦争は負け、「絶対、事故は起こさない」と言っていた原発は事故を起こしたのです。陸軍の飛行場は、昭和二〇年の八月九日と一〇日に爆撃を受けています。

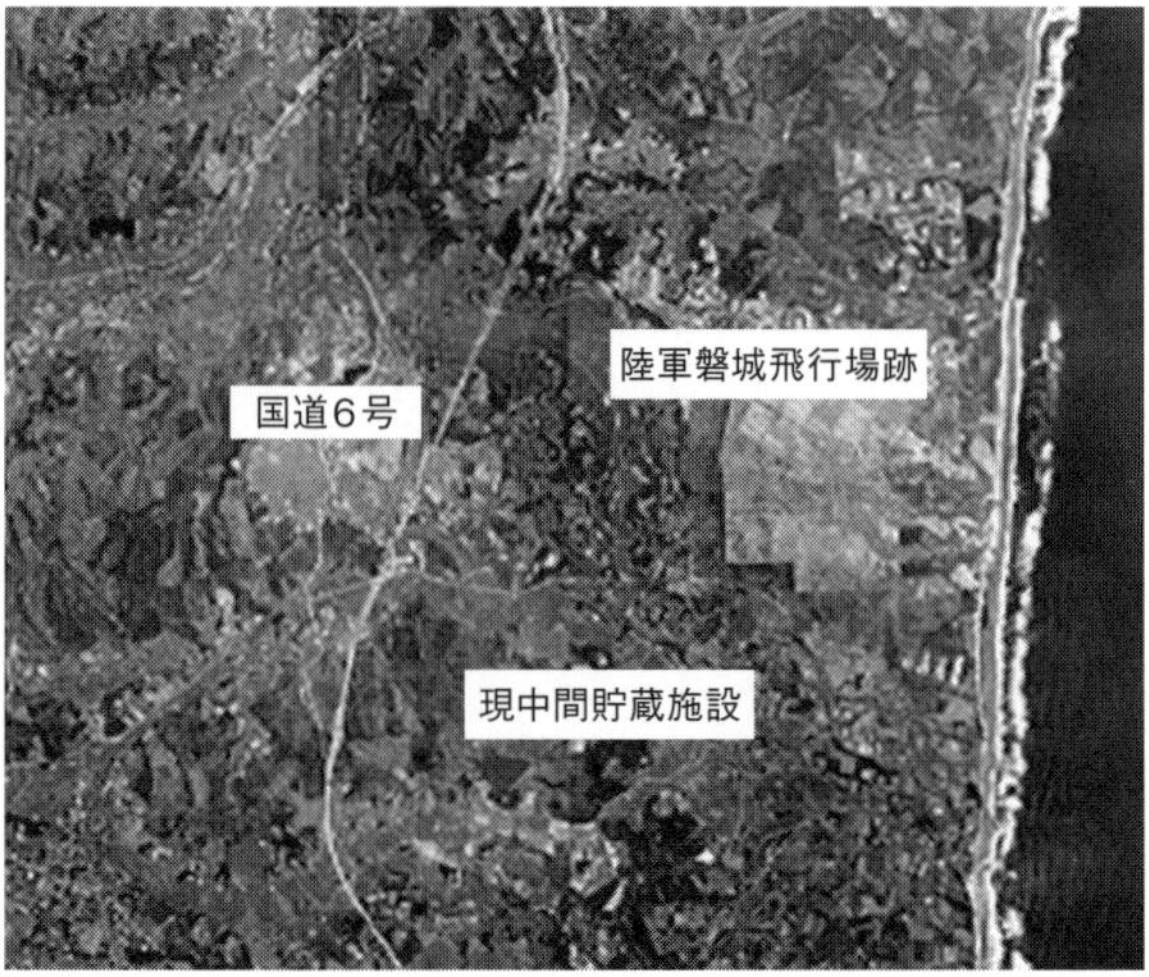

福島第一原発建設以前の昭和30年代の航空写真（国土地理院所蔵）

まず軍事施設があって、そのあと、原子力発電という核施設があって、そして原発事故後の放射能汚染があって、そして今度、防衛省が入ってきます。それに町民は関与していません。町民不在なんです。ここには大企業だけが入ってきています。非常にうさん臭さを感じています。今、町民の方にも十分に知ってもらって、やはり日本が進むべき未来を考えてほしいのです。

吉原　すでに述べましたが、復興の、この間の交渉過程で見えてくるものは、環境省や国交省が経産省などの他省庁と覇を競いながら、カッコつきの復興、つまり「大文字の復興」を進めていきたいという思惑です。だからそうした思惑を白日のもとにさらすことが重要になってきますが、その場合、鍵となるのはもちろん、当事者主体性です。まず被災者自身が思惑の基底にひそむ問題の本質に迫ることがもとめられます。その上で、考えていかなければいけないんですが、さらに被災者の外側にいる人たちも巻き込んで活動の輪を広

環境省の補償方針	30年中間貯蔵施設地権者会の考え
所有権に代わる安定的な土地の権原取得のため地上権設定契約	賃貸借契約
最長30年間、所有権に代わる地上権設定対価として土地価格の70%を一括支払いにより補償	最長30年間、使用料として土地価格の5%～6%を年払いにより補償
・地上権設定の補償額については、参考となる長期間かつ契約更新がない土地使用の取引事例はないことから、不動産鑑定士による鑑定評価額を踏まえ方針を決定。	・賃貸借契約の補償額については、他の短期契約更新を繰り返している借地事例同様、損失補償基準第24条及び細則第11により土地価格の5%～6%を年払いすべき。
・使用料が土地価格を超えることは、土地を売却していただいた方と不公平になる。	・年払いの結果、土地価格を超えても問題はない。

最初に環境省が提示した資料「当会主張と違う内容を県・両町とマスコミに事前送付」

げていく考えることが大切だと思います。そういった枠組みづくりが30年地権者会の今後の喫緊の課題としてあるのではないでしょうか。

今、かなり復興の姿が見えてきましたよね。そうしたなかで、あらためてこの用地補償の格差を問題にしていくのは、活動を維持していく上で不可欠の要件で必要があると思いますが、これは部外者、外の人にとってみればある意味で、個別の争点になるのかもしれません。その個別の争点をさっき言ったような包括的な争点にどうとつなげていくのかという、それが非常に大きな課題ですね。そのことが結果的に、今の政治状況を変えることに必ずしもつながらなくても、立ち止まって考えるきっかけになるのではないと思います。そのようにしてそこで初めて、30年地権者会のプレゼンス、存在というものが社会に認知されていく、そんな感じがしているんです。いずれにせよ、30年地権者会は大きな責任を背負ってい

環境省の補償方針	30年中間貯蔵施設地権者会の考え
所有権に代わる安定的な土地の権原取得のため地上権設定契約	基準24条の適用 土地の使用契約（地上権、賃貸借）
最長30年間、所有権に代わる地上権設定対価として土地価格の70%を一括支払いにより補償	基準第24条・細則第11に基づいた年払いの補償　※下記条文参照
・地上権設定の補償額については、参考となる長期間かつ契約更新がない土地使用の取引事例はないことから、不動産鑑定士による鑑定評価額を踏まえ方針を決定。	・賃借りの事例は多くあるので参考とする
・使用料が土地価格を超えることは、土地を売却していただいた方と不公平になる。	・基準第24条・賃借事例から土地価格を超えることは是認している。

当会から抗議を受けた後の環境省による修正済み資料「県・両町・マスコミにも送付」

ると思います。

中間貯蔵施設は、ある意味で外側の人が被災者＝地権者にたいして被害を一方的に押し付けるようなものとしてあるともいえます。同時に、被害者意識に過度にとらわれると、中間貯蔵施設の問題性がみえなくなる惧れがあります。ここでも30地権者会の果たす役割がかなり重要になってきます。

「大文字の復興」の進展とともに、地権者会にたいして、これからも買い上げ額を引き上げるためにごねているなどといった誹謗中傷がメディアや雑誌を動員して投げかけられるようになることが予想されます。そうした場合に、中間貯蔵施設は他人事ではなく自分事であるといった社会の声＝認識が重要な防波堤になるはずです。

平成30年10月2日

30年中間貯蔵施設地権者会

会長 門馬 好春 様

環境省

中間貯蔵事業における地上権設定に対する補償方針は、売買に代わる長期間安定的な土地の使用権を得るという類を見ない用地取得に対して、損失補償基準を念頭に置き、公共用地のルールの下で考え得る適正な方針とするため、専門家である不動産鑑定士の鑑定結果を踏まえ、環境省で決定したものであり、適正なものです。

買取り又は地上権設定の選択肢を提示している中で、所有権取得できる売買契約の補償額より将来土地を返還する地上権設定契約の補償額の方が高くなるのは、補償の原則である公平・公正を欠くこととなり、環境省としては不適正と考えています。

地権者会のお考えは理解しますが、これまでも説明したとおり、環境省の補償方針は適正なものと考えており、この方針を変更することはありません。　以上

2018年10月2日環境省回答書

●地権者を追い込む環境省、そしてメディア

吉原　中間貯蔵施設をめぐる環境省との交渉で見えてくる課題を外側の人々にとって、他人ごとから自分ごとの課題であることを訴えていく必要があります。その点で、30年地権者会は、大きな責任を負っている。買い上げ額を引き上げるためにごねているといったネガティブな話がメディアに簡単に出てきています。メディアでも分極化していると思います。30年地権者会は主張をこれまで以上に丁寧に説明していく必要があるといいます。

門馬　今の先生の話はとても大切なことだと思います。しかし、土地価格をただ引き上げている地権者会、という記事が新聞にも書かれましたし、テレビの報道でも同様なことを言われたこともあります。

吉原　マスメディは、絶えず矮小化、歪曲しようとしています。これが向こう側の戦略なのかも知れません。それに対しては毅然と反論するとともに、その論拠を「外部の他者」にも分かるように示す必要がありますね。

門馬　そこは、私は向こう側の戦略だと思っています。当時、環境省が私たちと三〇回も団体交渉いたにもかかわらず、回答書の添付資料の中で、私たちが主張もしていない価格の要求を意図的に出してきています。これを各先生方に見ていただいたら、これは30年地権者会を反社会的な勢

力、とみなしているような書き方だと指摘していただいています。環境省はこの資料を我々と団体交渉する前に県と両町、マスコミに流していました。我々を反社会的な勢力と報道させるような意図を感じ取れます。

これは平成三〇年一〇月二日の文章です。私どもは、価格のことについて言っているのではなくて、ルールを守れと言っているだけなんです。それで環境省に訂正させました。さらに環境省からマスコミなどに訂正した資料を送付するよう要求しました。あとで知り合いのマスコミなどの人に確認したら、訂正資料が送られてきたと言っていました。ここから分かることは、環境省いよる県、両町とマスコミ対策は悪質です。

これに対抗するには根拠や事例を示して、環境省の誤りの事実をひとつひとつを積み上げていくしかないと考えています。これが回り道のようですが、一番確実な近道と考えています。

環境省は、中間貯蔵施設の稼働が始まって今年で七年目。地上権価格は右肩下がり、地代累計額は右肩上がりになっています。だから時間の経過とともに自分たちの嘘が拡大してきていることを環境省自体が分かっているのです。

マスコミもこの地上権価格の問題については、具体的な話をすると分かってくれます。だから環境省は、当会との団体交渉を早く止めたかったのです。なので人気のある小泉進次郎氏が大臣の時に同大臣承認を得て団体交渉を止めたのです。これ以上やるとさらにボロが出て、国・環境省のウソが国民にも分かってくるからです。

数年前、母校の小・中学同級会に出席しました。そこで同級生から「なぜ、おまえらは国のやることに反対しているんだ」と問われました。私は、こういう理由で環境省のやり方が間違っています。用地補償も間違っています。県外最終処分場の工程表をちゃんと示していないことなどを具体的に説明しましたら、「なんだ、おまえ、間違っていないじゃないか。応援するからがんばれ」と分かってくれました。同級生は、正しい事実を知らなかったから、環境省やマスコミの操作によって、門馬たち、30年地権者会はおかしいことをやっていると思い込んでいたのです。

きちんとルールに基づいた対応を国がとっていれば、国民の財産権が侵害されることはなかったはずです。

今後、悲惨な原発事故など二度と起こって欲しくはありません。けれど、将来同じような公共事業の必要がでて私どものように国から騙された用地補償のことをあらかじめ知っていたら、憲法に基づいた財産権を侵害されることにはならないと思います。だから皆さんもまず事実を知って、そして自分ごととしてできることをやって下さい。30年地権者会の活動は、その一つのモデルとして重要だと思っています。

この問題は、中間貯蔵施設の地権者だけではない、町民だけではない、国民すべてにとって大切な憲法上の財産権を国から守るための教訓になるはずです。

●偏在する専門知を取り戻す

吉原　つまり30年地権者会が、地域専門家として存在するのです。地権者会の傑出した特徴は、その時々において市民専門家を巻き込んで、活動を展開している点です。

この場合の市民専門家は、ある意味、専門知、技術知なんですが、これを30年地権者会が地元の人たちに引き寄せて展開することによって市民専門家の立ち位置がはっきりしてきます。これは、非常に大切な点です。

日本の知のありようは、非常に非対称的です。これまで特権的に囲われたアカデミズムの世界が専門知、技術知の持ち主たちがそれを独占してきました。それが門馬さんたちの活動を通して、被災者の側に引き寄せているわけです。専門知、技術知を地域の側に引き寄せている、そのことが大きいと思います※。だからこれからも住民の側に立って是非、活動を展開してもらいたい。

30年地権者会は、「ちゃんと法令を守りなさい」と言っているだけです。平たく言うと、コンプライアンスという考え方です。でも法令を遵守するということを、国は解釈でどんどん変えていくわけです。だからこそ、交渉の過程をあらゆる方法で公開する、いろんな機会を使って発表して、確認していくことは非常に大事だと思います。

環境省に対して、法律、法令を守れということにとどまらず、ある意味で社会を巻き込んで、社会の要請に応えるような形でコンプライアンスを確立していくことが大事です。十分に30年地権者会はそういう力量を持っていると思います。

その上で30年地権者会がこれからどういう町にしていきたいのか、提示しないといけないと思うんです。そうでないと、ごねているとか言われると思うんです。そうでないんだということをしっかりとアピールしていかないといけないと思います。

吉原　それでは、元の日常に復帰するのか。元の町に復帰するのか。

中間貯蔵施設を考える場合、大熊町が原発を立地したその時点まで、立ち返って行かないといけないと思います。これからの町のあり方を脱原発とするならそれはどういうものか。例えば、移住者も巻き込んだ、つまり新たに外から来た人です、そういう人たちを巻き込んだポスト復興の姿を見せる必要があると思います。

その場合、大文字の復興ではなく、産業の町、廃炉とかバイオとか、ではないはずです。その方向を否定はしませんが、ちょっと違うんじゃないかと思うんです。国のいう福島イノベーション・コースト構想でいわれている産業は、巨大企業、国際的な企業を巻き込むものです。

まず自立自尊だと思うのです。昔はそうだったわけじゃないですか。それを外の人たちも巻き込んで達成していくのが大切なんじゃないかと思います。そのためには、被災自治体が基本計画を立てなくてはいけない。各自治体から復興計画がでました。あれは全部、同じ内容です。聞いた話では、東京のあるシンクタンクが作り上げているのです。

そういったものではない、地元の知に基づいた、例えば有機農業、そういったものを地軸につける。そして移住者を排除しない。もう一回、地元の知を再生して、そして復興の姿を示していく。そこに市民専門家の知の動員が必要なんじゃないかと思います。今のところ、専門的な技術知は、地元と折り合うものではないです。

門馬　大熊町、双葉町、ともに大部分が森林。放射能のリスクは時間の経過とともに低減化はするのですが、二〇四五年の段階でもかなり残っているはずです。私の実家も原発の敷地から約二〇〇メートルです。ここで雨どいとか、水が集中するところでは、最初の頃は毎時一〇〇マイクロシーベルトを超えていました。今は若干は下がってきていますがまだまだ高いです。

現状として、道路だけじゃなくて、生活する場所でも一歩あるくと高くなっている場所もあります。線量は本当に測ってみないと分かりません。だからきめ細かな対応が必要だと思います。例えば、帰還者には線量計をきちんと貸し出しておくとか、そういったリスク管理もやっておかなければなりません。大熊町も双葉町も白地《しろじ》地区を含めた全域の除染がまず必要です。この点は、事故後、当初から話をしていました。

当時は自民党政権ではなかったですが、両町の役場の人から聞いたら、全域除染を約束してくれたそうです。ただその証拠を見せて下さい、と言っても中々見せてもらえません。少なくとも口頭では約束をしてもらっているようです。

一方、湖底、沼の底には高濃度に放射性物質が集積しています。こういったところは飲料水になっては困ります。きめ細かな汚染値の測定や管理、これまで除染をしていないところ、トータル的にやらないと本当の意味での安全、安心とはなりません。

国は二〇二一年、帰還希望者のところだけはやると言っていますが、これは本末転倒ではないかと思います。富岡でも帰った人は裏山は自分で除染をしているという話も聞いています。これは加害者側が除染をするのが筋ではないかと思います。

復興全体についてですが、これは両町とも今の町民が復興の形を、反映できるときにやはり絵図を描いておかなければなりません。ということを両町に話しています。

●一つひとつ課題を解決していく

門馬　私としては、地域・ふるさとのことをもっと勉強して歴史を若い人に伝えていきます。こういったものをどうやって残していくかという課題があると思います。

歴史を辿れば、相双地区には、戦国時代から移住者はありました。戦後、満州から引き揚げてきた人たちを受け入れてきた歴史もあります。そういった人たちは自ら山を開墾して自立していきました。

私はどのようにして生活していくのか、移住者と言うものがひとくくりに悪いと思っているわけではありません。ところが、最近では、国の交付金や補助金などに依存した農業が進められ、例えば、大熊町ではハウスでイチゴ栽培に取り組んでいます。このように依存形の経済は、ちょっと問題があると思います。私は、食べ物もエネルギーも地産地消が大切だと考えています。私自身としては、復興のあり方については、模索中です。

おじいちゃんとおばあちゃんとが、自立して自分の畑で、やはり野菜や果物や果樹園など、田んぼをやっていく。そういったものと商業や工業と結びつけていかなければなりません。

このへんをどうやって、町民が主体となった自立、復興ができるか、それが目指すところです。一時的に中間貯蔵の作業員や廃炉の作業員や東電の作業員がいるのはわかります。そういった方々が、廃炉や中間貯蔵が終わった後もやはり町民として残って、やっぱりここをふるさととしていきたいような、そういう復興のあり方、もともと町民と新しいそういう方も廃炉、中間貯蔵が終わった後も手を携えて、暮らせるような大熊町、双葉町をめざしています。

やはり今後の人口動態としまして、日本の人口が今後、一〇〇年のちには、四〇〇〇万人くらいになるという統計も出ていますから、どうすれば、地域が自立して生きて行けるか。今、私が考えている復興のあり様です。

●みずから明日を描く

吉原　30年地権者会は、三〇年後にもとの状態に戻して、返してもらうと言っています。

そのあと、どうするのか？

震災の経験を風化させないアーカイブ、双葉町にできているアーカイブ施設はいろいろと問題がありますよね。展示しようとしたら許可がいります。そこに明らかに国の意向が入っています。だからそういう形で、震災経験を継承できるのか。福島イノベーション・コースト構想の中にもアーカイブは非常に大きなものとして入ってきています。それを頭から否定するつもりはないんです。中間貯蔵施設が撤退した後、これは中々、難しい問題ですよね。廃炉が進んでいないわけですから。そのあと、これも評価が分かれているんです。

私は例えば、周辺の小さな移動でツーリズムが可能になる、グローバルツーリズムではなくてマイクロツーリズムの中で、震災、被災の経験を実際に景観として確認していくことで、みんなが考えていきます。それは移民であっても、そうでなくてもできるわけです。

門馬　二〇四五年三月に元の状態にして返してもらった後、どうするか。そしてアーカイブ施設と福島イノベーション・コースト構想ですが、その場合、時間軸をよく考えておく必要があると思います。ひとつはフクイチの廃炉もそうですが、廃炉期間中の作業員やそういう関係者がやはり働きやすい環境。一方、廃炉は有期限の事業であって、この廃炉でずっと食べていけるわけではありません。従って廃炉後も含めた時間軸を考えていかないといけません。だから私は廃炉と中間貯蔵施設の具体的な「福一（フクイチ）」を問題にしています。

吉原　原発が立地して「地域が原発に依存する。原発三法でお金が降りてくる。しかしそれは明らかに期限付きだし、人を動かす場合、ついてこない」、だから箱モノを作るときにはいいんです。そのことは時間軸とともに被災者も（被災者自体）原発立地の空間に埋め込まれた受益者の構造から容易に抜け出せないという問題を直視する必要があります。いずれにせよ、原発そのものが抱える問題は一向に解決されていません。

門馬　まさに、負の遺産の連鎖ですね。

吉原　その連鎖は断ち切らなければいけない。戦後がまるごと問われている課題で、今後さまざまな方向に発展していく問題事象のような気がします。

門馬　原発ができたときに出稼ぎに行かなくなってよかったと、それが未来永劫だと勘違いさせられたことが大きな落とし穴でした。現状を直視し、時間軸で未来を考えて、廃炉や中間貯蔵施設終了後を目指して、子どもたちにも未来を伝えていくことが大事なんだと思います。

大熊町　自分の田の前で福島第一原発を視る門馬好春さん　（撮影；フォトジャーナリスト豊田直巳
2022年11月「中間貯蔵施設」エリア内）

大熊町　一時帰宅し仏壇の前で亡き父母を思い出す門馬幸治さん　（撮影；フォトジャーナリスト豊田直巳　2022年11月「中間貯蔵施設」エリア内）

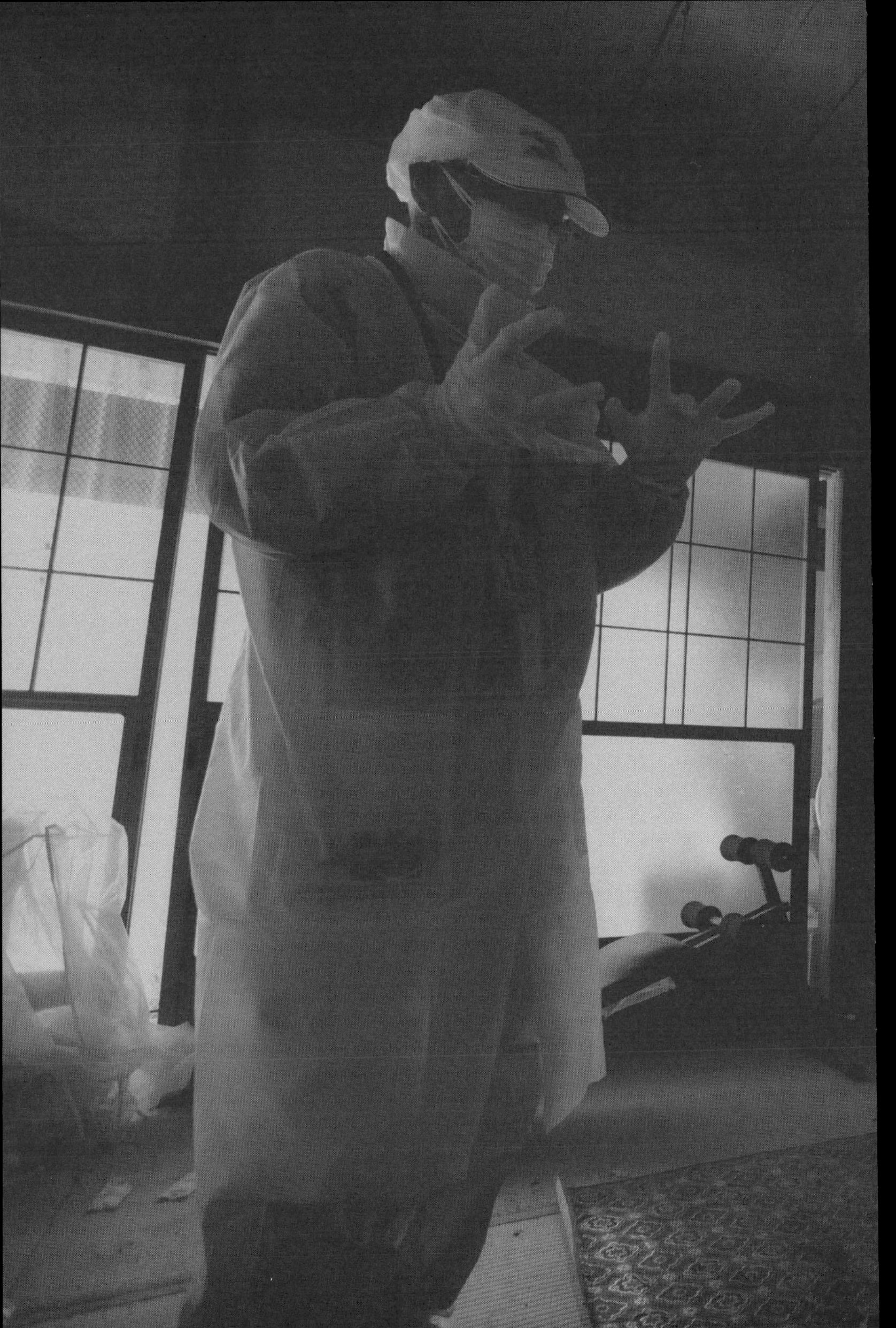

双葉町　何度も動物が入ったというの家に一時帰宅した
作本信一さん（撮影；フォトジャーナリスト豊田直巳
2022年11月「中間貯蔵施設」エリア内）

中間貯蔵施設という不都合な真実――財産権を侵害する国

30年中間貯蔵施設地権者会会長　門馬好春

初出：本の出典　ロシナンテ社の「月刊むすぶ」二〇二三年三月から八月（六二六号～六三一号）で掲載

●二〇四五年三月一二日という明日

二〇一一年三月一一日、東日本大震災、その後、大熊町と双葉町の間に建っている東京電力福島第一原発では爆発等の事故発生し、第一原発の原子炉から放射性物質が環境中に飛散しました。そのため、この原発を中心に福島県、東日本に放射能汚染が大きく広がました。事故後、国は放射能汚染が広がった土壌を回収し、集中して管理する施設として福島第一原発を囲むように一六〇〇ヘクタール（ha）の用地を「取得」して中間貯蔵施設を建設し、二〇一五年三月一三日から稼働を始めました。その際、最長でも三〇年、二〇四五年三月一二日までと国・環境省は福島県と約束をしました。

中間貯蔵施設を建設用地の登記地権者数は、二三六〇人です。〃真の地権者数不明〃とされています。契約面積は一二八〇ヘクタールは全体の八〇%、契約者は一八五二人。地権者の七八・五%とさ

れています（ともに二〇二三年一月末時点・うち地上権が設定されているのは約二四三ヘクタール・一五七件）

帰還困難区域を除き、除染土やガレキはほぼ搬入は完了しました。そして今、中間貯蔵施設の処理プラントは解体され、その様子は変貌しつつあいます。環境省は汚染土の再利用を全国に広げるために少しでも汚染土の量を減らそうとして減容化を進めています。しかし本当に汚染土再利用の必要性があるとは私には到底、思えません。

この中間貯蔵施設の建設にあたって環境省は、日本国憲法で保障された地権者の財産権を侵害しています。私たち地権者はこの不誠実な環境省に対して、団結して向き合うために二〇一四年一二月一七日「30年中間貯蔵施設地権者会」を結成しました。

私たちは、福島県の復興のために中間貯蔵施設が必要であることは十二分に理解しています。なので、会結成時からこの施設に反対ではなく、賛意を示しています。ただし先祖から受け継いだ土地は、私たちそのものです。環境省は、とにかく〝土地を売れ〟と言ってきます。私たちはそこに不信感を抱いています。用地交渉にあたって環境省に対して当たり前の誠意を求めているだけです。

●中間貯蔵施設の主な経緯

これまでの中間貯蔵施設について時間を追ってまとめると次のようになります。

・二〇一一年八月二七日　原発事故から五か月半後、菅直人首相が佐藤雄平知事に中間貯蔵施設の受け入れを打診。

・二〇一四年五月、六月末頃からボウリング調査後、国が住民説明会を開催。
・二〇一四年六月一六日　石原環境大臣が「金目でしょ」発言。
・二〇一四年七月二八日　政府が土地使用契約「地上権」を認める。
・二〇一四年九月一日　佐藤知事が受け入れを政府に伝える。
・二〇一四年九〜一〇月　国が地権者説明会を開催。
・二〇一四年一一月　ジェスコ法改正「最長三〇年間事業の法制化」。
・二〇一五年三月一三日　汚染土壌等の搬入開始「事業開始」。

そして環境省は私たちに二〇四五年三月一二日までの事業終了を確約している。

●中間貯蔵施設の主なルール違反

私たち、30年中間貯蔵施設地権者会がどうしても納得できない点がります。中間貯蔵施設の運営にあたり、加害者側である国がルールを決定していることです。その国はみずから、国内の既存のルールをことごとく守らない、という事実があります。国の無責任さはどこから出てくるのでしょうか。その課題と問題点について、次のとおり①から⑩まで箇条書きに中間貯蔵施設の主なルール違反などを列記します。まず初めに「そもそもなぜ三〇年間なのか」。それに対して、まず国からの論理的かつ明確な説明がないのです。つぎになぜ買収なのか。三〇年後にこの事業が終了後、地上権の地権者に土地を返還しなければいけないはずです。土地をなぜ買収しなければいけないのか。素朴な疑問です。

これまで福島県も、大熊町も、双葉町も、地権者も、国有地化には全面反対をしています。さらに公共事業が終われば、国有財産の土地は普通財産※扱いになりますが、不良資産扱いの土地になってしまう理屈がありません。また、買収時から大熊町と双葉町には固定資産税が入らないのです。

①最長でも三〇年間であるにもかかわらず、借地でなく全面国有地化で計画を進めたこと
私たちは、中間貯蔵施設の名称でなく三〇年貯蔵施設か三〇年仮置き場（三〇年保管場）が妥当と考えている。つまり名称から見ても大熊町と双葉町の町民、地権者は当初から蚊帳の外で無視、軽視されているのだ
②ジェスコ法・中間貯蔵施設の安全確保等に関する協定書および当初提示された地上権契約書が事業期間の三〇年から逃れる条文にしたこと

※行政財産以外の公有財産のこと。行政財産とことなり特定の行政目的に直ちに用いられるものではなく、地方公共団体が一般私人と同等の立場で所有するもの。普通財産は、これを貸し付けたり、売り払ったり、私権を設定することができる。

③全く別物である東電財物賠償と用地補償「交付金」を一緒にして補償額を低額にしたこと
④東電の財物賠償評価は、全損賠償なのに固定資産税評価額の使用で低額評価にしたこと
⑤国民は憲法二九条で「財産権は、これを侵してはならない」とあるが、中間貯蔵施設では、正当な補償を体現している土地収用法・公共用地の取得に伴う損失基準要綱の条文を適用していない
⑥用地交渉を売買優先で行い正確な情報を地権者に伝えないで判断させたこと
⑦汚染土の再利用でないと県外最終処分場ができないような勝手な理屈をつくったこと
⑧地権者が原発事故で避難している過酷な状況下で早期契約を迫り契約させたこと
⑨一か所での集中施設、必要面積一六〇〇ヘクタールや保管土壌容量一四〇〇万平方メートルについて科学的根拠が不明確なこと
⑩憲法二九条違反と共に町民、地権者の基本的人権を侵害している公共事業であること、したがって、これを読み解いていくことが大事なこと

●中間貯蔵施設とは何なのか

二〇二三年一月三一日、大熊町前町長・渡辺利綱氏に話を伺ました。渡辺氏から「国が言うには原子力事故で評価が下がった土地を我々国が買ってあげますよ」そういう態度だったといいます。

国は全面国有地化で計画を進めたが、それには町も地権者も反対の姿勢でした。その後、石原伸晃環境大臣の「金目でしょ」発言の影響について渡辺氏は「あれがやっぱり大きな転機になった」との話をしてくれました。

これについては「原発事故自治体からの証言」（今井照・自治総研編　筑摩書房発行一一六頁「大熊町前副町長・石田仁氏の証言」）で渡辺氏の話と同様の国の暴言を読み取ることができます。「土地の買上基準があまりにも安い」「用対連価格ではない」国の説明も、「全損賠償で終わっています」「原発事故で評価額が下がっている」「事故後の時点での価格だ」と書かれています。いまの渡辺氏の話と同書における石田氏の証言は国がそもそも始めから公共事業のルールを守る考えがなかったことを示しています。

●環境省は金額についてどう考えているのか

財物賠償額と補償額の総枠算定について、例えば、車をぶつけて全損にしたら新車で賠償するか、同額の賠償金を支払うことになります。公共事業で一定期間使うとした場合は、それを借りるか、買い取るかです。当然、土地の賠償と補償についてもこれと同じことが大原則で求められることにより公正で公平な賠償と補償となります。

しかし、国は東電の（財物）全損賠償で終わっています。さらに「原発事故で二足三文の土地に価格が下がったので、これを国が安くても買ってやる」と高圧的な態度で提案しているのです。もちろん東電の財物賠償額が適正価格であるかは別途検証が必要なことは言うまでもありません。後述で私の事例を示しますが、まったく適正な財物賠償額ではありません。

そもそも、国は事前了解を県知事や町長に求めていますが、これの法的根拠はありません。法的には地権者との土地契約のみなのです。したがって私は地権者による国との事前交渉への参加は、今後の国内公共事業においても出来るようにすることが必要だと考えています。

環境省は、中間貯蔵施設をめぐる用地補償について、公共事業の入り口から完全に間違えたやり方をしています。しかも作為的で悪質です。

さらに、原発事故での一番の被害地域である大熊町や双葉町は、役場も避難移転し非常事態のなかにあました。この状態で両町の行政や町民にかかる負担と心労が極限に達している最中、環境省は用地補償について国のルールを始めから守る考えなどなかったことが分かります。

●憲法・土地収用法・要綱違反の事業

国・環境省の交渉での主張は、憲法二九条三項の正当な補償を体現した土地収用法、そして土地収用法と斉一化「一体」である公共事業の取得に伴う損失補償基準要綱に反した補償になっています。つまり土地価格も地上権価格も憲法二九条三項の正当な補償ではなくなっているのです。

土地価格は先述の通り大原則から外れており、国は原発事故等格差価修正率なるものを勝手に作り五〇％に減価しています。さらに地上権は地上権価格なる要綱の条文「地代」にないものをこれまた勝手に作り、土地価格の何割としているので、これも減価となっています。しかも土地価格とルールにない地上権価格は、同じ環境省が事業主である仮置き場「地代から算定した土地価格は五〇％の減価なし」と比較して当然であるが、著しく低額補償であり不公平です。そしてこの両者の補償額は時間の経過とともにその不公平の度合いは拡大していきます。

なお、あまりに低い土地評価額からか、県が土地価格及び地上権価格と同額を交付金（見舞金扱い）として出していますが、これは用地補償ではなくあくまで交付金（見舞金扱い）なのです。

【憲法29条3項正当な補償と土地収用法と要項の価格・公正・公平な比較図】2022年4月10日
※土地価格を100円／㎡とし用対連基準細則11の6％／㎡とした　30年中間貯蔵施設地権者会

法　律　等	憲　法		土地収用法		要項（用対応連基準・細則）
土地使用保証	正当な補償		相当な地代		正常な地代
基準細則11	6円	＝	6円	＝	6円
補　償　名	正当な補償		相当な価格		正常な価格
土地　価格	100円	＝	100円	＝	100円
法律等	不動産鑑定評価に関する法律		不動産鑑定評価基準		地方自治法237条2項
土地使用価格等	土地価格等の適正な価格		正 常 賃 料		適正な対価
基準催促11	6円	＝	6円	＝	6円
補　償　名	土地価格等の適正な価格		正常な価格		適正な対価
土地　価格	100円	＝	100円	＝	100円

【全てが同じ6円と100円なのは公共事業への協力者が他で賃貸又は買収できることにより元の生活「生活再建」が図れることを目的としている為。しかし、地上権価格は不公正・不公平であり生活再建ができない補償なので憲法29条3項正当な補償違反である】

憲法29条3項を体現した公正・公平な用地補償額の比較図

この交付金（見舞金扱い）が用地補償の問題をさらに複雑にしています。

次に公共事業に協力した地権者の生活再建ができることを目的とし、用地補償額比較図を示します。この様に土地価格・土地使用補償がともに同額で公平なので生活再建ができるのです。

●環境省の不条理な用地交渉・補償と東電の賠償

環境省（国）は用地交渉を買収優先で行い、正確な情報を地権者に与えないで判断させせました。地権者で環境省の説明に納得して土地を地上権で貸したり、売却した人に私はまだ会っていません。環境省が交渉を始めた頃、地権者は仮設住宅などに避難していて、じっくり考える余裕などありませんでした。地権者から、今、振り返るとよく考えて、売るのではなく土地を残す選択をするべきだったという声をよく聞きます。当時、町役場も非常事態でしたが、町民も地権者も同様でした。環境省は、一番の被害者である両町の地権者に懇切丁寧な説明をするべきでしたが、現実は逆でした。

環境省の担当者は、最初の頃、用地交渉は地権者の避難先に約束も取らず複数人で押しかけ、地上権契約を希望した高齢者に対し恫喝的な言

地上権価格と地代累計額の比較表
※４年半の地代累計額より低い30年間の地上権価格
地上権価格「30年間・田・㎡」840円（土地価格×70%）
仮置場地代「４年半・田・㎡」850円
※仮置場の地代累計額は６年半で土地価格を超える
土地価格「田・㎡」　1200円
仮置場地代「６年半・田・㎡」1230円

中間貯蔵施設地上権価格と仮置場地代累計額の比較表

葉をかけて買収を要求していた事例がりました。私たちは県と両町と協力して、環境省の交渉態度を改めさせましたが、それでも買収を優先する基本的な姿勢を変更することはありませんでした。環境省は、地上権契約を希望した地権者に対して、「少しでもいいから土地を売ってくれ」と頼み込んだという話も聞いています。

その後、環境省の交渉でさらに悪意を感じるのは、用地補償に関する情報を正確に地権者に与えなかったことです。

土地を売却した場合と地上権で貸した場合を環境省の数字「田・㎡当たり」で比較すると次のようになります。

・土地価格一二〇〇円＋交付金（見舞金扱い）一二〇〇円＝二四〇〇円

・地上権価格八四〇円＋交付金（見舞金扱い）八四〇円＝一六八〇円＋三〇年後土地価格二四〇〇円＝四〇八〇円

注記：環境省は三〇年後の土地価格を当初の五〇％から一〇〇％と想定して地上権価格を算出

環境省用地補償額と土地価格を加えた比較表

※土地売却者が一番低額になる不条理（全て田・㎡試算）

売却者≒未契約者＜地上権契約者

「試算方法」未契約者　保有する30年後の土地価格　2400円

売　却　者　1200円　＋　交付金1200円　＝　2400円

地上権契約者　840円　＋　交付金 840円　＋

保有する30年後の土地価格2400円＝4080円

土地売却者・地上権契約者・未契約者の比較表

・未契約者　用地補償額〇円＋三〇年後の土地価格二四〇〇〇円

つまり、環境省の目論見では、三〇年後の売却者と未契約者は同じになります。

これには続きがあります。東電の営農賠償では、地上権契約者は途中で対象外と東電が勝手に決めました。中間貯蔵施設は帰還困難区域で本来営農賠償の対象であるので、未契約者は賠償対象となっています。つまり、国に協力した売却者や地上権契約者をが試算して比較すると一番不公平な扱いを受けているのです。〃東電にも見直しの要求中〃

それでは次に地上権価格と仮置き場の地代累計額を比較すると・・・

・地上権価格八四〇円（三〇年・田・㎡）〈仮置き場の地代累計額八五〇円（四年半・田・㎡）〉

長い期間の仮置き場は一〇年に設定される。

・地上権価格八四〇円「三〇年・田・㎡」〈仮置き場の地代累計額一八九〇円（一〇年・田・㎡）〉

帰還困難区域はまだ二〇二九年まで解除されることはない見通しです。この不公平は次に示す比較図のとおり、今後さらに拡大します。

ちなみに私の田圃の東電財物賠償は約七〇〇円／㎡です。八〇〇円／㎡の人もいると聞いています。先程の仮置き場の土地価格を試算すると一八九円／㎡÷六％「用対連基準細則」＝三一五〇円

／㎡となります。これを中間貯蔵施設の土地一二〇〇円＋交付金一二〇〇円＋七五〇円（七〇〇円＋八〇〇円÷二）で三一五〇円／㎡と同じ金額になる。先ほどの渡辺氏の話などとこの試算数字で一致します。

（注）東電の財物賠償額は別途検証が必要であることは言うまでもない。

●国による県外最終処分場選定への一方的な理屈

国の大きな間違いは、汚染土の再利用でないと県外最終処分場ができないような一方的な理屈をつくったことです。政府と連携した東電の「トリチウムは除かれていない」汚染水の放出計画と同様に環境省は汚染土壌「原発事故後再利用基準を一〇〇ベクレル（Bq）から八〇倍の八〇〇〇Bqに変更」の「拡散計画」が進められています。この「拡散計画」は二〇二〇年に全国の公共事業で使う計画を環境省令案として立てたが、パブコメで多くの反対意見を受ける結果となりました。しかし、政府は福島県外最終処分場への搬出のため、中間貯蔵施設の汚染土を再利用することを必要要件としました。つまり最終処分場への搬入量を減らすためです。そのため、環境省は二〇二二年一二月一六日、埼玉県所沢市の環境調査研修所、同年二一日東京都新宿御苑で再利用の実証事業の住民説明会を開き、茨城県つくば市の国立環境研究所も計画対象となってます。いずれも環境省の関連の施設であるところが重要です。この地域住民説明会を含めて環境省による住民軽視の一方的な進め方に対して住民、専門家などからも多くの疑問と反対の声が寄せられました。

そもそも放射能は集中化し閉じ込め隔離が大原則です。廃炉原発資材の再利用基準は事故前は一〇〇Bq／kgの八〇倍の八〇〇〇Bq／kgが福島県民には押し付けられました。しかし県民の反対が強く受け入れられていません。環境省の進め方は事実上とん挫の現状にあります。今回の首都圏の再利用計画も環境省の福島県外最終処分場選定に向けた努力をしていることだけを自己アピールしたやり方です。結局、放射能汚染水も汚染土も抜本的な解決策には手を付けず国民、県民、町民に国と東電の責任を転嫁させています。私たちが忘れてはいけないのは、原発や原発事故の問題は日本のどこでも他人事ではなく自分の身に降りかかってきていることなのです。

●地権者の基本的人権を侵害している公共事業

憲法一一条　国民は、すべての基本的人権の享有を妨げられない。この憲法が国民に保障する基本的人権は、侵すことのできない永久の権利として、現在及び将来の国民に与えられる。憲法二九条財産権はこれを侵してはならない。二項財産権の内容は、公共の福祉に適合するように、法律でこれを定める。三項　私有財産は、正当な補償の下に、これを公共の福祉のために用ひることができる。といいます。しかし福島から見える事実は、この憲法が守られていません。

自分ごととして考えて欲しい
～この一二年と双葉郡の町民の声

●被災地の今を自分ごととして

福島第一原発事故から一二年、この一二年は本当に長く、原発事故の複合的な問題をさらに複雑にして且つ大きくしてます。国は復興が進んでりますといいますが、二〇二二年六月から八月に避難指示が解除された原発被災地域（帰還困難区域）の葛尾村や大熊町、双葉町（特定復興再生拠点区域）に生活している人は住民登録者の一％程（二〇二三年二月・共同通信社まとめ）です。この事実からも国の言う復興が進んでいるは、本当なのか、との不信感が増しています。

そもそも復興とは何をもって復興といえるのか。被災者がふるさとに帰って元の生活に戻ったことをもって復興というなら復興はまだまだではないか。二〇二三年も三月一一日前後、東日本大震災と福一（フクイチ）原発事故の報道が東京でも多く見られました。その後は何ごともなかったかのような日常が流れています。しかし原発被災者の大変な生活は今も続いています。

日本の東半分が壊滅するかどうかの戦後最大の危機であった原発事故を国民一人一人は決して忘

れてはなりません。一人でも多くの皆さまに原発被災者の方が失ったものは何なのかを知ってほしいのです。他人のことではありません。自分のこととして原発事故の悲惨さを理解してものです。一日でも早く、脱原発の声を高くして原発のない社会を実現しなくてはなりません。

●どうして福島に原発を持ってきたのか

二〇二二年一二月二九日楢葉町の宝鏡寺住職・早川篤雄さんが急逝されました。福島原発避難者損害賠償請求訴訟原告団長として長年、県内の反原発運動をけん引した方でした。その早川和尚を偲んだ番組が二〇二三年三月一二日五時～六時ＮＨＫＥテレ【こころの時代～原発にあらがい続けて～早川篤雄「福島からの伝言」※】として放送されました。そのなかで【双葉原子力地区の開発ビジョン（昭和四三年三月）】が早川和尚から示されました。

その第一章のはじめに「原子力発電の立地としては、送電コストを含めた発電原価の許す範囲で、人口密度、産業水準の低い地域を求めて立地するということです。一般的にいって、現状における原子力発電の立地条件というものを整理してみれば、⑴周辺地域に大都市がなく、人口密度が低い地域であること」と書かれています。早川和尚は「原発が危険なもので、絶対の安全はないことを国が認めていることだ」と番組の中で説明しています。とても大切な伝言だと考えています。

もう一つ、原発のコストと安全・安心に対する東電の姿勢を如実に示す話を紹介します。『福島がそこにある（ロシナンテ社編著・解放出版社発行）』に二〇〇四年、東電のモニターになった現大熊町議会議員の木幡ますみさんが東電幹部と対面した際のやり取りが書かれています。

当時の勝俣恒久社長と吉田昌郎（後の福一原発所長）幹部などに木幡さんが「第一原発の自家発電機（地下にある非常用電源）を上にあげてください」とお願いしたところ、勝俣社長から「何があるんだ」と返され、木幡さんは「地震があったらメルトダウン、メルトスルーになったら大変だ。自家発電機は一番、高いところにあったほうが安心です」と訴えました。それに対して勝俣社長は「そんなことはない。断言できる」「そんなことをやったらコストがかかる」と一蹴しました。

この二つの事例から見ても、原発誘致のころから原発事故後、そして現在も国と東電の基本スタンスはまったく変わっていないことがわかります。むしろ、現在は政府の原発再稼働、さらには運転期間延長の姿勢や東電の柏崎刈羽原発再稼働に対する姿勢や原子力損害賠償裁判などを見るにつけ、状況はさらに悪くなっています。

●被災者の基本的人権は守られているか

福島県以外の津波による震災による被災地域は大きな悲しみを抱えながらも、復興が進んでいま

※依頼者：福島県企画開発部・審議会：農水省・東電など・調査員：建設省、日本原子力研究所、県園芸試験所などから派遣　財団法人国土計画協会　伝言館（宝鏡寺）所蔵

す。しかし、原発被災地はどうでしょうか。今も帰還困難区域の住民の避難は続います。そして、この帰還困難区域の出入り口には今もバリケードが張られています。この大きな違いは原発事故とそれによる放射能汚染が大きな障害となっています。

「憲法一一条　国民は、すべての基本的人権の享有を妨げられない。この憲法が国民に保障する基本的人権は、侵すことのできない永久の権利として、現在及び将来の国民に与えられる」を引用していました。被災地域・被災者はこの憲法一一条によって守られてきたのでしょうか？　国・政府は自らが守るべき憲法一一条に則って、多くの被災者を守ってきたのでしょうか。そして東電は事故を起こした当事者としての責任を果たしているといえるのでしょうか。しかし現実はこの憲法が守られていません。

●つながりが薄くなるという現実

共同通信社による二〇二二年一二月から二〇二三年三月にかけて福島県外避難者三〇六人への聞き取り調査によると、戻りたい二五％、居場所と思えるのは避難先四三％。避難元（ふるさと）一一％とその差が顕著となっています。さらにつながりが薄れたと思う人は七七％、つながりを保ちたいが七八％です。これらを見ても避難の長期化による県外での生活の定着化と、ふるさとに対する想いが重なっている複雑な心のうちがみえます。

一方、県内での避難者はどうでしょうか。冒頭、共同通信社の調査結果の一部と共に、被災者や中間貯蔵施設の地権者の声を引用します。原発被災者の県内外の避難について、私は一人ひとりの想いには大きな差がないと感じています。その理由の最大の原因は、一二年間という避難の長期化と放射能の長期の影響により、被災者自身の復興がまだ見えないことにあります。

●実家と田んぼは中間貯蔵施設の中

二〇二三年二月二七日、大熊町の中間貯蔵施設のエリア内にある実家と田んぼを見てきました。

私の田圃と福一原発のクレーンを背景に（2023年2月）

いつも思います。なぜ自分の実家や土地に入るのに立ち入り許可をもらわなければならないのか。いつもこの瞬間、国と東電に対して怒りを感じています。

いつもと同じように実家に入る時に「ただいま」と、言うのが常です。返事はありません。仏壇に手を合わせ、また「ただいま」といいます。毎回自分の田んぼに行くたびにそこが原野になり、雑木林のようになりつつあるのをみながら、自分の田んぼがどこからどこまでかが正確に分からず情けなくなります。

一二年という時の経過をひしひしと感じます。またいままで実家の周りの保管場に積み重ねて置いてあった大量のフレコンバックがかなり少なくなっていました。その代わり、がれきを持ち込むトラックの列はひっきりなしです。

家が残っていれば、昔の様子が思い出せます。ふるさとに帰ってきたと感じることができます。しかし、知人友人、親戚の家が取り壊されてフレコンバックなどが置かれ、まったく昔と風景が違う場合は、言いようのない気持ちになります。

この事業は二〇四五年三月一二日までのものです。国が法律でも約束しているこの事業期間の約束を守らせることが必要だと決意を新たにしています。

【約二時間の被ばく量は三・二μSv／二h×一二（二四h）＝一年間では三八・四／一日× 三六五日＝一四、〇一六μSv】

実家の仏壇

●楢葉町民の声～親父に「土地は売るな」と言われた

福島第二原子力発電所の敷地は、楢葉町と富岡町を跨いでいます。この原発のすぐそばに住んでいた八〇代のご夫婦と五〇代の娘さんに話をききました。今は原発事故でいわき市で避難生活しています。

自分たちが暮らしていたのは波倉地区だが、この地区の低地へ津波が襲ってきて、家を流された人も多く、危険地帯でありもう低地に家は建てられない。もう一つは福島第二原発の廃炉が決まり、それが今後四〇年から五〇年かかると言われている。さらに家もみんな壊しているし、子どもの学校の問題もある。そのような現在の環境と今後のことを考えたら、これからここに戻ってきて新しい生活を始めるのは一二年という歳月は長すぎ、そして遅すぎた。時がたちすぎた。

――今のいわき市での避難先の生活については、

近くに病院もあり、年を取った体には非常にありがたい。娘が私の薬だけをもらいに行くときにも遠くでないので便利だ。また、買い物するスーパーや安売り店などやコンビニもあり生活するにはやはり便利である」

――それでは楢葉町には戻らないのかと聞きますと、

楢葉町は生まれた町であり、ふるさとであり本当なら生まれた楢葉町波倉で暮らしたいが、先ほど言ったとおり現実には厳しい問題が多くある。しかし、幸い家は高台だったので津波に流されなかった。またご先祖さまや兄弟が眠っているお墓も波倉の家から近くにあり、お墓参りや家の手入れ、掃除に月一回から二回はいわきから戻っている。なので、楢葉町とのつながりは今後も持ち続けたい。

浪倉地区は当初、中間貯蔵施設計画地でりましたが、その対象から外れ仮設焼却施設やその後はセメント固形化処理施設・仮置場などができました。土地の所有者は環境省と土地賃貸借契約を結び「協力」しています。これら環境省の事業は、二〇一五年から一〇年くらい（二〇二五年三月までの予定）の計画でした。

土地賃貸借終了後の生活には不安などはないかと尋ねてみました。

高速道路料の無償化は来年（二〇二四年）二月まで継続が決まったが、医療費は来年からかかると聞いている。また固定資産税もかかるようになっており今後の生活に不安は大きい。環境省に仮置き場や仮設焼却場などで土地を貸していた人は、その土地を返された後は、環境省は元通りにして返すと言っているが、そこは低地で放射能汚染の問題もある。昨年（二〇二二年）三月も震度六強の地震があった。大きな津波再来の不安もあるので、そこに家を建てて住むことも田んぼを耕すこともできない。
だが、死んだ親父から土地は売ったら終わりだ。絶対に売るなと言われて育てられてこの土地を守ってきた思いは強い。太陽光パネル発電の敷地にどうかなどの話もあるが、今後の生活を考えるといろいろと考えていかなければならないと思う。

お話を伺い原発事故により今もつらい生活を余儀なくされているが、その中でもご夫婦や娘さんはじめ子どもさんたちお孫さんたちや楢葉町との絆、それが生きがいでもあると感じました。

●大熊町民の声～担保されない安全と安心

大熊町夫沢地区に土地を持つ六〇代男性に聞きました。中間貯蔵施設エリア内に土地はあります。原発事故前の大熊町の暮らしからいまの生活はどう変わったのかと尋ねますと

現在は中通り南部に住んでいる。那須に近く那須おろしで郡山より寒く、電気代も高いので朝晩は薪ストーブである。これもロシアとウクライナの戦争の影響だ。今年一月に可愛がっていた猫が亡くなってしまった。家族同様だったのでショックが大きい。

いま環境省は中間貯蔵施設で処理された汚染土を新宿御苑や所沢市、つくば市で再利用実証計画を進めています。これは環境省による一方的な進め方で、近隣住民などから反対の声が上がっています。中間貯蔵施設の汚染土を関東やほかの人が住んでいる場所に持って行けなど言っていないという声を町民からも聞いています。

この意見に男性は次のように答えてくれました。

そのとおりだ。私も中間貯蔵施設の汚染土を関東などで再利用をするべきだとは思っていない。

私は東京に住んでいます。その分、国、環境省、さらに東電の賠償に対しても意見を言いやすいのですが、男性は町の復興に対してはどう感じているのだろうか、うかがいました。

町には国からの交付金が入ってきているので、建物を建てたり、既存の建物などを壊して、次の計画を進めている。でも、避難民の我々はまったくの蚊帳の外だ。心の中は寂しく、ひきずっている。一二年経っても何も変わっていない。

――私が国は「復興が進んでいるというがそうではない」と言うと、

そのとおり。みんな避難してバラバラになっている。一部の業者などを除いて多くの弱い立場のひと、老人、単身、母子家庭は追い詰められている。生活はきびしく、難しい位置にいる。そこが復興政策と現実の乖離だと思う。

双葉町の伊澤町長などもいきなりの定住での帰還でなく避難先と双葉町を行ったり来たりして、生活を徐々に慣れるやり方が必要であると話しています。私は大熊町に帰ることはないでしょう。私の心は大熊町にありますが、身体は今、暮らしているところにあります。大熊町の家はないし、大熊町に土地を求めて家を建てることは、考えられません。中間貯蔵施設内の家は環境省と用地契約して一年後くらいで解体されたこともあり、ここしばらく帰っていません。お墓も移転しました。帰らないのは年齢の問題もあります。

知人の一人は、私に分譲地買って戻ったらと言う人もいます。また、友人の中には家はまだ帰還困難区域の中にあり解除されていないので、解除された大熊町の別の地区に新たに分譲地を買って家を作った人もいます。

しかし、全体として帰る人は少ないこともあり、友人の例はまれです。大熊町もほかの町や村と同じく、移住者の受け入れ態勢に結構、力を入れてやっています。住民が帰還するにはいろんな問題があり、安全と安心の面では廃炉や汚染水放出、除染、放射能の問題など数多くあります。

二〇二二年、東電の調査結果によると一号機の格納容器基礎のコンクリートが剥がれて、鉄筋が一部むき出しの写真が公表されました。近いうち、安全性の確認のためまた再調査を行うことが予定されています。事故を起こした原発は危険を内包したままなのです。また東日本大震災規模の地震が来たらあぶないのではないか。この原発は「安全だから」町に戻れるという、「安全・安心」という当たり前が全く保障されていません。その根底が崩れたらだれも戻りません。国は都合のいいことばっかりだして、隠れた怖い部分を情報としてだしません。これでは復興という以前の問題です。まったく安全と安心が担保されていません。

国は町に人を戻らせているのだから、町民の安全・安心に責任を持たなければなりません。もし万が一のことがあったら、また逃げなければいけなくなります。次はもっと強い放射能をあびる可能性もあります。

二〇二三年三月一日、内閣府と環境省が大熊町と双葉町の議会へ説明会を持ちました。大熊町はマスコミ非公開、双葉町は公開でした。この説明会で環境省は中間貯蔵施設の用地取得は終わったと取れるような説明をしました。

これに対して双葉町議の岩本久人氏は「中間貯蔵の土地はもういらないんですか？　いまは（中

間貯蔵施設の事業用の土地は）余っているんですか？」と質問しました。

これに対する環境省の回答は「今後も（当初からの計画面積一六〇〇ha必要なので）用地の取得を行う」と回答しています。中間貯蔵施設は、とにかく迷走しているのです。

30年地権者会は環境省に対して「公共用地の取得に伴う損失補償基準要綱」に基づいた地代を要求しました。そして私個人の交渉も行っています。環境省はその交渉の場で「門馬さんの土地は今すぐ必要な土地ではない」といいつつ「ただし将来必要になることもあるので交渉している」と回答しています。このことを、ある男性に話すと、次の言葉が出てきました。

個人交渉だと環境省に嘘つかれ、丸め込まれてしまう。環境省の交渉は買収優先の交渉であり、交渉員も全国からきていると聞いた。いわば「寄せ集め」であり、私が地上権といったらいやな顔をされた。「少しでいいから売ってくれ」ともいわれた。私はある程度知識はあったから環境省の交渉員とある程度ちゃんと話ができた。

そして男性は、「しばらく行っていないが、暖かくなったら大熊町に行ってみるかと思っている。周りが亡くなってきている。昨日もいとこが亡くなったと連絡きた。六〇代も半ばとなると一二年前の時と違い体力と気力が落ちてきているのを感じ疲れやすい」と寂しげに話してくれました。

原発事故直後、大熊町役場は、内陸の会津若松市へ避難しました。次は、会津地方に家族と共に今もなお暮らしている五〇代の大熊町男性の話です。

大熊町民であり、中間貯蔵施設内の地権者だ。二〇四五年三月一二日には福島県外の最終処分場に汚染土などを搬出してこの事業も終了すると聞かされている。その時にはふるさと大熊町に帰る。そのためにその時までに土地が戻る地上権の契約を環境省とした。今は家は撤去されてないが、古い桜の木が残っており、それが自分たちを見守ってくれていると感じることが多い。またその桜の木が私たち、家族の思い出をよみがえらせてくれている。

これまでもできるだけ多くそこに立ち入りをしてきた。これからもできるだけ多く機会をつくりふるさとに行く予定だ。

東電の賠償や環境省の補償についてはどう思っているかと尋ねてみると・・・

東電の賠償や環境省の用地補償に納得感はまったくないことは言っておきたい。しかし、生活していかなければいけないので東電や環境省とそのことだけにかまっていれる状況でもなかった。とにかく早くそれら東電の賠償と環境省の補償は、一方的な押し付けであり、交渉して変わる余地はないことが周りの話からも聞かれた。早く終わらせたかった。そうでないと家族や避難先、勤め先など様々なことを片付けなくてはいけない大変な状況だった。門馬さんたちはこの原発事故による東電や環境省の被災者、被害者に対するひどいやり方を草の根運動として記録として残してもらっているので有難いと感じている。

私も30年地権者会としても環境省や東電と交渉することで理不尽な賠償や補償について、多くの人たち知ってもらえたと思うと男性に話をすると、男性から「私自身は東電や環境省のやり方には、『気をつけろ』と子どもたちに伝えてある。そして私自身が五〇代であり、今後のことは残りの人生を生涯現役の気持ちで前向きに家族と過ごしていきたいと強く願っている」と男性は締めくくっていました。

●あれから一二年、双葉町民に聞いてみた

――双葉町下条地区の七〇代夫婦に、三・一一の東日本大震災、その後の原発事故、避難生活などを尋ねました。

妻　三月一一日の地震直後はまだ原発の情報も入ってこなかった。電話が通じたこともあり、自宅や近所の避難所に行ったりしていた。だが翌日の一二日朝に近所の施設責任者から「原発が

危ないから避難して」と連絡があり、急いで財布など必要最小限のものだけを持参して、車で双葉町を後にした。それが、まさかこんなことになるとは思いもしなかった。

その日は川俣町の学校に一晩、お世話になった。その後は南会津の親せきに半月ほど世話になり、その後、南会津の市営住宅に半年、そして会津の仮設住宅で約三年間生活した。その後いわき市に一時移ったが、子どもや孫たちと近いところに住みたいと思い、中通り中部に自宅を建て、今はここに住んでいる。ここにきて約六年になる。

双葉町から避難して六回も避難先を変え苦労したと思うが、双葉町へはどのくらい帰っているかと聞いた。

夫　自分の家はまだあるので家のことが気になり、できるだけ片付けなどで帰っている。だが、最近は帰っていない。やはり双葉町がふるさとであり好きなので愛着が強くある。だが家の周りは取り壊されている建物が多く、とても寂しく感じる。建物は時間とともに劣化するので、今後どうするかについても含めて悩みは本当に尽きない。

——今後、双葉町に帰る予定は?

夫　はじめは本当に原発事故の影響が、こんなに大きく長く続くとは思っていなかった。いまでも、ふるさとである双葉町に帰って生活したい思いは本当に強くある。だが、年齢も七〇の後半となり、昔とは違い体力がついていかないのは日々実感としてわかる。あと一〇歳若かったら、自分一人でも双葉町に帰る決断をしていたと思う。

妻 子どもたちは双葉町に帰る気はない。それは仕事もこちらで定着しており、孫たちの下は小学生ですっかりこちら（避難先）の子どもである。上の方は高校生で双葉町の記憶は隣近所のことを、少し覚えている程度である。

一度双葉町の家に連れていき、外は放射能もあるので外には出さず車の中から見せたことがあるが、もっと大きな家だと思っていたとの話が出た。なので、私たち夫婦とは双葉町に対する想いは当然だがまったく違っている。やはりこの原発事故による一二年の歳月は重くのしかかっている。

――今の悩みは？

夫 やはり双葉町の家のことだ。家は年々傷んでくるし、これから固定資産税のことも気になるし、不安である。子どもは家は解体すると決めているようだが、私は悩んでいる。しかも解体する場合の申し込み期限は今年（二〇二三年）の八月である。気持ちは若いままだが、体がついていかない中で悩みも尽きないので、何ともやりきれない。

――双葉町との交流はどうしているのか？

夫婦 やはり、双葉町などのことはとても気になるから、テレビのニュースや双葉町から支給されているタブレットなどを見て情報を得たり、ふれあいを得ている。また、親戚知人などとの交流から双葉町とのつながりを保ち、またそれを楽しみにもしている。

●浪江町民からみた復興

――避難指示解除準備区域であった浪江町幾世橋地区の六〇代男性

自分のところは復興はまだまだだ。津波で家は流されそこに自分の家はない。また、土地は売ったら終わりなので当然貸すべきだ。それは自分の土地は自分の土地でなく代々受け継がれてきたものであり、子孫のための土地でもある。

今は会津北部に避難している。日々はそこで生活しているが、浪江町での用事もあるのでその用事の都度、浪江町に戻り色々と町や地域とのお付き合いをしている。

今年に入り家族同然のペットの犬が亡くなってしまって本当にがっくりきている。いままでは一緒に散歩をしていたのが楽しみの一つだった。亡くなった後は散歩に出る機会もめっぽう減ってしまった。

――東電の損害賠償については？

「東電はお金を支払わないための圧力のかけ方がうまい。同じ浪江町内でも帰還困難区域の各地区と帰避難指示解除準備区域である幾世橋地区との格差が大きいと感じている。さらに私は家が流されており財物賠償はゼロではないが低いので自分自身の中で葛藤がある」

●明日へつなぐために

二〇二三年三月一一日も訪れました。この日をはさんで東日本大震災、福島第一原発事故の報道がマスメディアから発信されます。報道や知人、30年地権社会会員、各専門家の話を聞きながら、この一二年という歳月の重みを感じます。そして多くの人々を不幸に陥れた現実、その日々はこれからも続くことに、その元凶である原発依存から一日も早く脱却する必要を、改めて強く感じます。

今回、被災者の皆さまの聞き取りさせていただきました。皆さんが抱く同じ思いは「復興について原発被災者は蚊帳の外である」「東電の賠償も環境省による中間貯蔵施設の用地補償も同じで、原発被災者や地権者は蚊帳の外で加害者の一方的な押し付けである」というものでした。

一方で未来への希望はないのかというと、そうではないと思います。それはこの一二年間で成長した子どもたち。あのとき、小学生だった子どもたちは、今、大学生や社会人になっています。その子どもたちが東日本大震災での被災体験や福一（フクイチ）原発事故の悲惨な体験を伝える側になってきていいます。

「原発事故後、幼い孫を双葉町の家を見せに連れて行った。放射能が強く、危険性だから、決して車から外には出さなかった。幼い孫は「おじいちゃん、どうして車から出てはいけない」のと聞くので、きちんと本当のことを伝えてあげることとそれが孫の将来にとってとても大切なことです」

とある被災者が話してくれました。

私の祖父母の代は日露戦争、父母の代は「大東亜戦争」と戦後の混乱期。今は、両親が生きている間にもっと聞いておくんだったととても反省しています。私たち一人一人が子どもたち孫たちのために、そしてそのずっと先の未来の子どもたちのためにも原発事故のことを伝えていかなければなりません。原発事故前のふるさとは自然が豊かで、米を作り、山で山菜を取り、川や海で魚を取り貧しいなかでも、地域のふれあいがあり、家族が助け合って生活ができていました。しかし今は山は除染されてなく、被ばくリスクが高くて入れません。

環境省との交渉から見えてくるもの

●住民より企業利益が優先された原発

なぜ国・東電は福島県浜通りに目をつけたのか。なぜ原発は大都市から離れているのか。

先に「双葉原子力地区の開発ビジョン・財団法人国土計画協会（昭和四三年三月・依頼者・福島県企画開発部）」の第一章を紹介した。そこに「原子力発電の立地としては、送電コストを含めた発電原価の許す範囲で、人口密度、産業水準の低い地域を求めて立地するということである。一般的にいって、現状に於ける原子力発電の立地条件というものを整理してみれば、⑴周辺地域に大都市がなく、人口密度が低い地域であること」とあります。

同じく先に『福島がそこにある（ロシナンテ社）』では、二〇〇四年当時東電のモニターになった現・大熊町議会議員の木幡ますみさんと勝俣社長などとのやり取りを紹介します。

木幡さんが「地下にある非常用電源を上にあげてください」とお願いしたところ、勝俣社長から「メルトダウン・メルトスルー」そんなことはない。断言できる。そんなことをやったらコストがかかると一蹴されました。

島崎邦彦東大名誉教授の著書「三・一一大津波の対策を邪魔した男たち」には「きちんと対策すれば事故は防げた。しかし東電と国対策を取らなかった。そして今も状況は変わっていない」と記されています。

これらから見ても、原発が誘致、稼働、そして原発事故後、現在も国と東電の基本スタンスは全く変化がありません。「国、東電など大企業優先で地域の人は後回し」が彼らの考え方なのです。一番の被災地、帰還困難区域をさらに人口密度の低い地域に落とし込もうとしています。国が中心になって町民や地権者を「帰還させない」ことを目指し、中間貯蔵施設の跡地も含めた土地利用を考えているとしか言えません。原発事故と福島の復興を踏み台にして状況はさらに悪くなっていると感じます。
以下では、この状況悪化の有無の視点から環境省との交渉経過を説明します。

●後始末は加害者・東電が行うべき

本来、廃炉はもとより除染も放射性汚染廃棄物等の処理施設である仮置き場もなども、そして中間貯蔵施設も福一（フクイチ）原発事故を起こした東電が行うべきものです。原発事故の後始末が自社でできない原発を電力会社は、事業化する資格がありません。また、ひとたび事故が起きた場合、国土が壊滅的な状態になります。そのような危険性が大である原発は、国もまた進めるべきではありません。日本は地震大国です。

除染による仮置き場、仮設焼却施設も中間貯蔵施設も「土地収用法三条」二七の二の「原発事故による放射性物質の汚染廃棄物等の処理施設」です。当然だが、これは30年地権者会との団体交渉の中で環境省自身も認めています。

そして同法三条一七は電気事業法による電気工作物が対象になります。東電は電気事業などの用地取得や高圧送電線の補償について強制力がある土地収用法や同法と一体の「公共用地の取得に伴う損失補償基準要綱（昭和三七年閣議決定、以下要綱と記す・用対連基準・昭和三七年用対連決定・共に強制力なし）を用いてきたという経験があります。したがって環境省より用地補償に関する実務能力は高いのです。

ですから、仮置き場や仮設焼却場などの用地取得、中間貯蔵施設も東電が行うべきものでした。付け加えると電気事業者は要綱などを基本とした「電源開発などに伴う損失補償基準」に基づいているが、内容は同要綱などと同じです。

また仮に国が東電の肩代わりで行うとしてもその期間は一時的でその後は東電に任せるべきです。そして一時的でも国が行う場合、その役割は公共事業の用地補償の管轄官庁である国交省が行うべきでした。なぜ公共事業の経験と能力や人材がいない環境省に交渉を担わせているのか？　除染をやるから合わせて用地取得もという安易な考えでさせたのが大きな誤りでした。これは、今後の公共事業の大きな戒めとして記しておきます。

●国主導、地権者軽視無視の事業

公共事業における国などの事業主の行う事業説明会や用地交渉では、多くが地権者側が団体を立ち上げて、団体交渉で対応します。ダム建設事業でもそうであるし、平成一三年頃の常磐自動車道の大熊町・双葉町での用地交渉を見ても明らかです。

では中間貯蔵施設ではどうでしょうか。

二〇一四（平成二六）年春の住民説明会、同年秋の地権者説明会はさながら事業者である国・環境省による通告会のようでした。住民や地権者の要望は軽視され、無視されました。つまり一番優先されなければならない地権者が一番後回しでした。このため地権者の個人交渉に危機感を感じ、二〇一四年一二月一七日、私たちは有志で「30年中間貯蔵施設地権者会」を設立し団体交渉を目指しました。その頃環境省職員の話として「団体交渉は行わず個人交渉で進める」と報道されました。これについては福島県や大熊町・双葉町の支援を受け環境省に団体交渉を認めさせた経緯があります。このように初めから環境省の姿勢はごり押し、地権者軽視が鮮明でした。

その後二〇一五（平成二七）年一月、二月団体交渉で環境省は「売買契約書も地上権契約書をも提示しない」「環境省の説明を理解できない地権者会が悪いなどの発言」を繰り返してました。三月、三回目の団体交渉でやっと提示した地上権契約書には「複数の専門家から三〇年後還さなくてもよいと解釈できる国にとって都合の良い契約書」でした。これもまたひどい話で、だましです。

このひどい地上権契約書は二〇一七（平成二九）年九月・第二〇回目の団体交渉で約三〇項目を変更し、三〇年後、還す、還さなければいけない内容に見直すことで環境省と合意しました。あわせて既契約者の契約見直し（地上権の登記済み内容見直し含む）についても環境省と合意しました。

環境省との交渉内容は福島県外最終処分場の選定への早期取り組み、用地補償の見直し、返還時の原状回復、安全など全般についてでした。私たちは団体交渉を四六回にわたって実施し、昨年一一月で環境省説明会は一〇回（二〇二四年一二月で一二回）を数えました。

これと合わせて団体交渉と同じように他の会員にも出席していただき私自身の個人交渉を行って

います。この個人交渉でも、環境省には中間貯蔵施設全般の課題や問題点の改善や見直しを求めています。私はルールに基づいた用地補償や返還時の原状回復で田んぼの機能回復の確約があれば地上権の契約をすることをその都度、環境省の交渉者に伝えています。

●団体交渉を一方的に打ち切る環境省

時間の経過とともに用地取得の契約率が上昇してきた頃から、環境省の地権者軽視無視の傲慢な態度がはっきりとしてきました。二〇二一年四月小泉環境大臣承認の下では、用地補償の説明は十分行ったとの事実に反する理由で団体交渉は打ち切るとの一方的な電話通告が入ります。その前段では仮置き場での原状回復で山砂を入れるなどの問題が発生していました。この仮置場の事例から団体交渉で中間貯蔵施設の原状回復時には山砂を入れないよう要求しました。

そうすると環境省から原状回復については個別の土地の問題と事情あるので、団体交渉では答えないとの理不尽な回答に変わりました。田んぼに山砂を入れないのは個別の問題ではなく農家の共通の問題にも拘らずです。このように30年地権者会の団体交渉では環境省の間違った取り組みを指摘しています。この頃から環境省は団体交渉で理不尽な説明をするか、または回答を避けるようになました。

環境省は、二〇二〇年第八回の説明会で致命的なミスを犯します。私たちは「地代累計額が土地価格を超えることは憲法違反」と主張、それは二〇二一年第九回説明会で事実上その間違いを認めました。

そして二〇二二年一一月の第一〇回環境省による30年地権者会への説明会では事業の説明なので用地補償の説明はしないと、これまた突然の一方的な通告説明がありました。

それまでの環境省の説明内容には当然、用地の状況が入っており質問等も用地担当調整官が回答・説明してます。そしてこの一方的な通告・回答書が二〇二三年三月一〇日付けで、なんと三月一一日に環境省から届きました。このやり方は二〇一五年三月一一日、環境省が中間貯蔵施設へフレコンバックを搬入を開始しようとしたが、地元から「なんで三・一一からなのだ！」と抗議を受け、三月一三日からの搬入開始となったいわくの事例に似ています。

一二年目その追悼の日に届くとは、なんと無神経なことでしょうか。

全体面積 約1.600ha	項　目	全体面積内訳	全体面積に対する割合	登記記録人数 (2.360人) 内訳
民有地 約1,270ha (約79%)	地権者連絡先把握済み	約1.220ha	約76% 民有地と公有地の合計では全体の約97%となっている	約1.890人
	調査確認承認済み	約1.160ha	約73%	約1.650人
	物件調査済み	約1.160ha	約72%	約1.640人
	契約済み	約904ha	約56.5% (71.2%) ※1	1.449人 (約61.4%) ※2 (約76.7%) ※3
公有地等 約330ha (約21%)	町有地	約165ha	約10.3%	※1民有地面積の1.270haに対する割合 ※2登記人数の2.360人に対する割合 ※3連絡先把握済みの1.890に対する割合
	国有地/県有地 無地番地の土地	約165ha	約10.3%	

中間貯蔵施設用地の状況について　平成３０年４月末時点環境省説明資料

【環境省回答書抜粋版】

令和五年三月一〇日

30年中間貯蔵施設地権者会　様

環境省

二〇二二年一二月二七日付貴会からの「質問・意見・指摘・要望等」に対する回答について

一　西村大臣宛てに頂いた要望書について、西村大臣からは、「環境省の取組について御理解いただけるよう、丁寧に説明を行うように」との回答をいただいています。

二　本説明会は、平成二九年七月合意の事業に関する説明会になります。用地担当調整官は必ず出席すると決まったものではありません。

(三～一七省略　一八～三三用地補償に関する回答)

一八　口頭回答のとおりです。(環境省作成回答記録なし)

一九　口頭回答のとおりです。

二〇　当方から回答はありません。

二一　当方から回答はありません。
二二　当方から回答はありません。
二三　これまでに回答しております。
二四　当方から回答はありません。
二五　当方から回答はありません。
二六　二三の回答と同じになります。
二七　二三の回答と同じになります。
二八　二三の回答と同じになります。
二九　これまでに回答しております。
再指摘　二九の回答と同じになります。
三〇　これまでに回答しております。
追加質問　これまでに回答しております。
三一　当方からの回答はありません。
三二　当方からの回答はありません。
三三　二の回答を参照してください。
以上

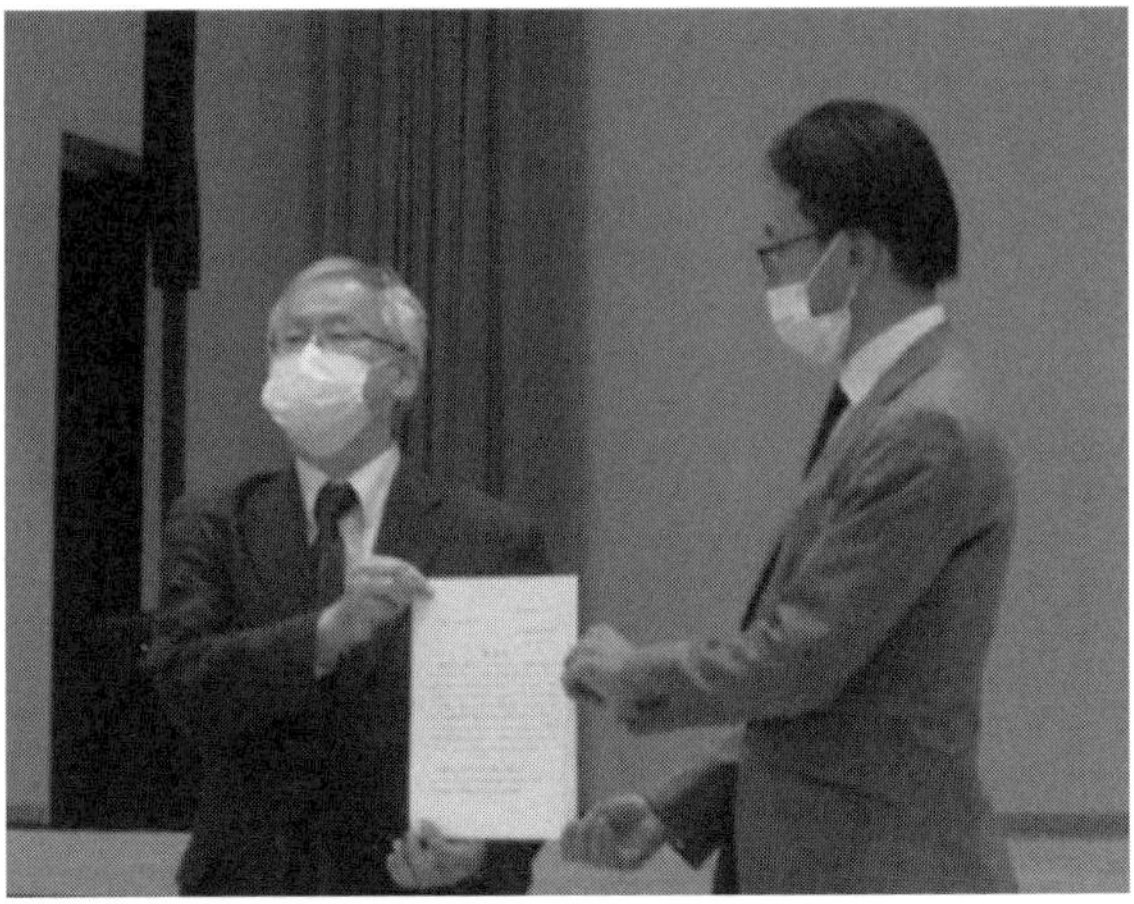

西村環境大臣宛て要望書を提出

●第一〇回環境省説明会について

当会は中間貯蔵施設に反対ではなく当初から賛成の立場です。二〇二二年一一月二一日、リンクル大熊で第一〇回環境省による会員に向けた説明会がマスコミ公開で開催されました。まず私から西村明宏環境大臣宛て要望書を提出、環境省からの事業に関する説明後に各会員から質問・意見などが出され、環境省の口頭回答がありました。そこで会員から出された質問・意見等は一二月二七日環境省福島地方環境事務所に送付、届いた環境省回答書は前記のとおり到底理解できるものではありません。

「要望書全文」

二〇二二（令和四）年一一月二一日

環境大臣　西村　明宏　殿

30年中間貯蔵施設地権者会会長　門馬　好春

要　望　書

当地権者会は平成二六年一二月一七日設立時から現在まで中間貯蔵施設事業に賛意を示しており

ます。そのうえで、国・貴省が法律と福島県民に約束した二〇四五年三月一二日までの事業終了に向けた絶対条件である福島県外最終処分場選定への早期取り組みをはじめ、安全や用地交渉の改善、地上権契約書の見直し、更には貴省独自の地上権価格から憲法二九条三項の正当な補償を体現した土地収用法と斉一化を図っている損失補償基準要綱一九条地代補償への見直し等を求めてまいりました。

しかし二〇二一年三月に団体交渉に弁護士等の同席を求めた要望書に対する同年四月の貴省回答は電話回答で内容も常識外の一方的な団体交渉の打ち切り通告でした。

従いまして下記のとおり要望事項の実施をよろしくお願い申し上げます。

記

一　国・環境省による福島県外最終処分場選定の早期取り組み
二　公共用地の取得に伴う損失補償基準要綱一九条の地代補償への見直し
三　当地権者会との用地補償を含めた団体交渉の早期再開

以上

今回の説明会では、二〇二一年四月環境省からの一方的な団体交渉の打ち切り通告以降環境省の地権者や当会の理解を得る姿勢から「理解醸成」という形式的な環境省の実績作りの姿勢が顕著になり、一方的な押し付けが多くなってきました。

今回は用地担当の調整官は欠席でその理由の説明もありません。また今まで回答していた用地補償について質問すると「用地補償には答えない」という姿勢です。さらに仮置き場の地代累計「右肩上がり」と地上権価格「右肩下がり」の比較図を私が提示すると、マスコミに対して「写真撮影をしない下さい」と禁止した発言を会場の後方の環境省職員がしていました。過去の説明会でも途中からテレビ撮影を禁止する発言が突然あり、その場で抗議した際、当時の総括調整官は私どもに謝罪しテレビ撮影は継続されました。この例からも環境省の姿勢には悪意を感じます。

●環境省が逃げる理由

それでは、なぜ環境省は30年地権者会との「団体交渉はしない」「環境省説明会では用地補償について答えない」と回答したからです。それは環境省自身が中間貯蔵施設の用地補償を間違っていることが分かっているからです。そして用地の確保も約八割進んできているので、地権者に今までと同じように頭を下げる必要も丁寧な説明をする必要がないと判断しているとしか思えません。

環境省回答書四

「本説明会は、事業に関する説明会であって、用地の補償方針に関する団体協議（交渉）の場ではありません」とありますが、事業説明会「地権者説明会」で用地補償内容を説明してきたのは環境省自身です。他の公共事業でも同じですが、事業の説明と用地補償の説明は一体なのです。まったく一貫性もなく論理的でもありません。無茶苦茶の一言です。

また二〇二三年三月二八日の第二四回中間貯蔵施設環境安全委員会で今年度の用地事業方針に「着実な事業実施に向け、丁寧な説明を尽くしながら、施設整備の進捗状況、除去土壌等の発生状況に応じて、必要な用地取得を行う」と記載し説明しています。

つまり用地取得は継続するが、30年地権者会から間違いを指摘されたくないので、逃げるのが一番であるという方針を組織として選択したということです。そして今後の必要な土地は個人交渉なら間違いも指摘されないで進めることができると判断したということです。

●間違いの根っこ

原発事故後のしばらくの間、環境省は公共事業の用地補償に関して素人でした。はじめは嘘でも間違いでも乗り切れると思ったのかもしれません。環境省の幹部や中間貯蔵施設担当者は、二年ごとに異動していくため、私たちと交渉の蓄積が十分に引き継がれていないのが現状です。

憲法二九条三項では、正当な補償を保証しております。それを体現化した土地収用法と斉一化を図っているのが要綱です。用地補償についての条文は次のとおりとなっています。

土地収用法

（土地などに対する補償金の額）

七一条　収用する土地（又は以下略）の額は、近傍類地の取引価格等を考慮して算定した事業の認定の告示の時における相当な価格に、権利取得裁決の時までの物価の変動に応ずる修正率を乗じて得た額とする。

七二条　前条の規定は、使用する土地（又は以下略）の額について準用する。この場合において、同条中「近傍類地の取引価格」とあるのは、「その土地及び近傍類地の地代及び借賃」と読み替えるものとする。

公共用地の取得に伴う損失補償基準要綱

（土地の補償額算定の基本原則）（土地の正常な取引価格）

要綱七条　正常価格とし要綱八条　近傍類地の取引価格を基準とし、（略）価格形成上の諸要素を総合的に比較考量して算定するものとする。

（土地の使用に係る補償）

要綱一九条　土地の使用に係る補償で、使用する土地（空間または地下のみを使用する場合における当該土地を除く）に対しては、正常な地代又は借賃をもって補償するものとする。

当然、条文なので補償の根拠及び補償額算定の方法を規定と解説書の趣旨にも記載があります。この根底にあるのは公正公平な補償による公共事業に協力した地権者の生活再建にあるのです。

●間違いの具体例

当初から（土地の使用に係る補償）要綱一九条について当会から環境省に対して長期使用も対象であることを根拠を示し何度も見直しを求めました。しかし、環境省は要綱一九条は短期使用に限定した規定であり「長期使用は対象外」であると頑なに回答をし続けています。

二〇一四（平成二六）年一二月、環境省はその短期使用の考えに基づき、中間貯蔵施設の長期使用の内規基準を作成しました。その間違った内規基準で回答する事しかできなかったのです。その内規基準に基づいた不動産鑑定会社の鑑定の結果を受けて、「地上権価格」としたと団体交渉の場で主張し続けました。

しかし二〇一七（平成二九）年八月、国交省から直接それは間違いとの指導を受け、二〇一七（平成二九）年九月六日付け30年地権者会宛て回答書で長期使用も対象と間違いを認めました。一方、補償の地代に変えることを拒否するため、同回答書で「公共用地の取得に伴う損失補償基準第二四条（＝要綱一九条）は、土地を使用する場合の補償の考え方と補償額算定方法を規定したもの」と記載し、「条文の根拠」を「補償の考え方」と改ざんしてきました。つまり条文も考え方であり、環境省の考え方で条文に従わなくてもよいということなのです。これは政府の思惑で法律の解釈を変えられるという法治国家にあるまじきやり方です。

そして環境省は、左記の通り地代累計額が土地価格を超えるのは憲法違反だとの間違った、いや滅茶苦茶な主張を繰り返すことになります。この環境省のでたらめな回答書に対して30年地権者会として二〇二〇年九月一四日に「補償基準の適用についての本会の見解」を環境省に提示しその間違いを認めること、そして条文どおりの地代補償への見直しを求めました。

【環境省回答書】のとおり

また環境省は二〇一四（平成二六）年一二月に中間貯蔵施設に適用する内規基準※を作成しました。この重要な問題を軽易な扱いのものとして局長決裁にしています。当時環境省の要綱一九条土地使用の解釈は短期使用としただけなので、同二〇条空間地下限定規定に土地の長期使用の規定を加えて作成したのです。

ですが、前述のとおり同一九条を土地の「短期使用限定」から「長期使用も対象」に訂正したので、環境省の同内規基準は間違いであり、これを見直すべきです。そして土地使用補償は地上権

※環境省直轄の中間貯蔵施設の建設に伴う損失補償基準（平成二六年一二月二六日）
※（仮置場等）除染等の措置に必要な土地等の使用に伴う損失補償基準（中間貯蔵施設を除く）平成二四年五月二日から施行

価格からルール通りの地代に変更するべきです。これを30年地権者会から指摘され続けた場合、環境省として論理的に回答できないことから逃げに徹底したのです。

【二〇一七（平成二九）年九月六日付け環境省回答書全文】

（＊要綱一九条＝基準二四条・要綱二一条＝基準二五条・要綱二一条の二＝基準二五条の二）

・公共用地の取得に伴う損失補償基準第二四条は、土地を使用する場合の補償の考え方と補償額算定方法を規定したものであり、そこには期間という概念はないことから、使用する期間の長短で補償の考え方に差違が生じるものではないという事実を確認しました。この様な理解のもと、期間という言葉で同基準を解釈すれば、その使用目的による全ての期間が入ると理解できます。ただし、基準第二五条の二により、その補償の根幹は、土地を取得した場合の価額及びこれに伴い通常生じる損失額の合計額が上限となるものと理解しております。

・基準第二五条において、「当該空間又は地下の使用が長期にわたるときは、当該土地の正常な取引価格に相当する額に、当該土地の利用が妨げられる程度に応じて適正に定めた割合を乗じて得た額を一時払いとして補償することが出来る」と規定されております。本事業の場合は、地上権の設定により最長三〇年間土地の使用を妨げることから、その対価として、不動産鑑定士の鑑定結果に基づき判断したものです。

【二〇二〇（令和二）年九月一四日補償基準の適用についての本会（30年地権者会）の見解全文】

・「公共用地の取得に伴う損失補償基準要綱」〈土地の使用に係る補償〉第一九条には「使用する土地（空間又は地下のみを使用する場合における当該土地を除く。）に対しては、正常な地代又は借賃をもって補償するものとする」とあり、要綱の解説の同条の（要旨）には「本条は、土地を使用する場合における補償の根拠及び補償額算定の方法を規定したものである」とある。続いて同条の（註解）一）（イ）には「本条の土地の使用とは地表の使用を意味するものであって、通常地表の利用を妨げない空間又は地下のみの使用は含まれない。また、ここでいう使用とは、一定の期間の使用であり使用期間満了後は旧権利者に返還するものである」とある。この「一定の期間の使用」は、長期の使用も対象である。

・同要綱〈土地の使用に代わる取得〉第二〇条の二第二項には「土地を使用とする場合において、第一九条の規定により算定した補償額及びこれに伴い通常生ずる損失の補償額（第二三条の二の規定により算定した補償額を含む）の合計額が当該土地を取得した場合の価額及びこれに伴い通常生ずる損失の補償額の合計額を超えるときは、当該土地を取得することができるものとする」とある。

これは「合計額を超えるときは、」であり、合計額を超えることを許容又は想定している。

・同要綱〈空間又は地下の使用に係る補償〉第二〇条第一項には「空間又は地下の使用に対しては、前条の規定により算定した額に、土地の利用が妨げられる程度に応じて適正に定めた割合を乗じて得た額をもって補償するものとする」とある。要綱の解説は同条の（趣旨）は、「本条は、送電線又は地下鉄、トンネル等空間又は地下のみを使用する場合における補償額算定に関する規定である」としている。従って、土地を全面的に利用する本事業については、第二〇条は適用できない。

・このように、平成二九年九月六日付けの回答書には誤りがある。また、環境省が提示している補償の方法は、閣議決定された損失補償基準要綱に適合していない。従って、本事業の用地補償は、補償基準要綱の規定をそのまま適用し、土地を使用する期間のあいだ正常な地代を支払う方法で行うべきである。なお、地代の算定方法、地代を一括して支払う場合の金額の算定方法などについては、補償基準要綱の運用細則に照らして決定することとなる。早急に提示して欲しい。

●不公平な補償額

同じ土地収用法三条二七号の二の公共事業であるにも拘らず仮置き場などは要綱どおり地代、年払いでの補償です。そして土地価格も中間貯蔵施設の原発事故前の五〇%でなく、一〇〇%の価格です。地代の事例も原発事故後も同一価格で継続していた事例も多くあります。仮置き場の地代は田んぼで年間平米当たり一八九円です。（以下田・㎡単価）これをルール（基準細則一一）で六%で割り戻すと土地価格は平米当たり三一五〇円となります。また一〇年を経過する仮置き場は累計地代額が一八九〇円ですが、三〇年間の中間貯蔵施設の地上権価格は八四〇円です。年額に換算すると二八円です。この不公平な補償は中間貯蔵施設の地権者を人間扱いしていないのではないかと思うときもあります。まるで明治政府に対抗した会津藩に対する仕打ちのようです。先に、大熊町前町長渡辺利綱氏と同前副町長石田仁氏が「原発事故で評価が下がっている」「東電の全損賠償で終わっている」と国から言われたと記しています。

では仮置き場などはどうかというと、「原発事故で評価が下がっている」「東電の全損賠償で終わっている」ではなく、そのような補償はされていないということです。仮置き場は原発事故前価格の一〇〇％で土地価格が三一五〇円。中間貯蔵施設が原発事故前五〇％で一二〇〇円です。これはなぜか。この不公平な補償額について団体交渉で環境省に糺したところ、仮置き場は短期だから地代も高くなるので中間貯蔵施設とは違う、との回答でした。

しかしこれも間違いです。公共事業の地代は近傍類似の土地価格や賃貸事例を調査し、まず年額地代を算定し、六か月の期間なら一二か月分の六か月で算定方法するのです。短期だから高いではありません。まして、仮置き場がスタートした二〇一二年当時は中間貯蔵施設はまだ具体的に決まっておらず、環境省が説明した二年から三年の使用期間で終わるとはだれも思ってはいませんでした。当然、帰還困難区域の仮置き場はいつまでの使用期間かとも環境省も分かりません。これも環境省の説明が間違っていたひとつです。

そもそも、地上権とは、民法の物権で「他人の土地に工作物（建物や道路など）または竹木を所有するためのその土地を使用する権利」です。対価としては、地主権価格・地代等です。一方土地

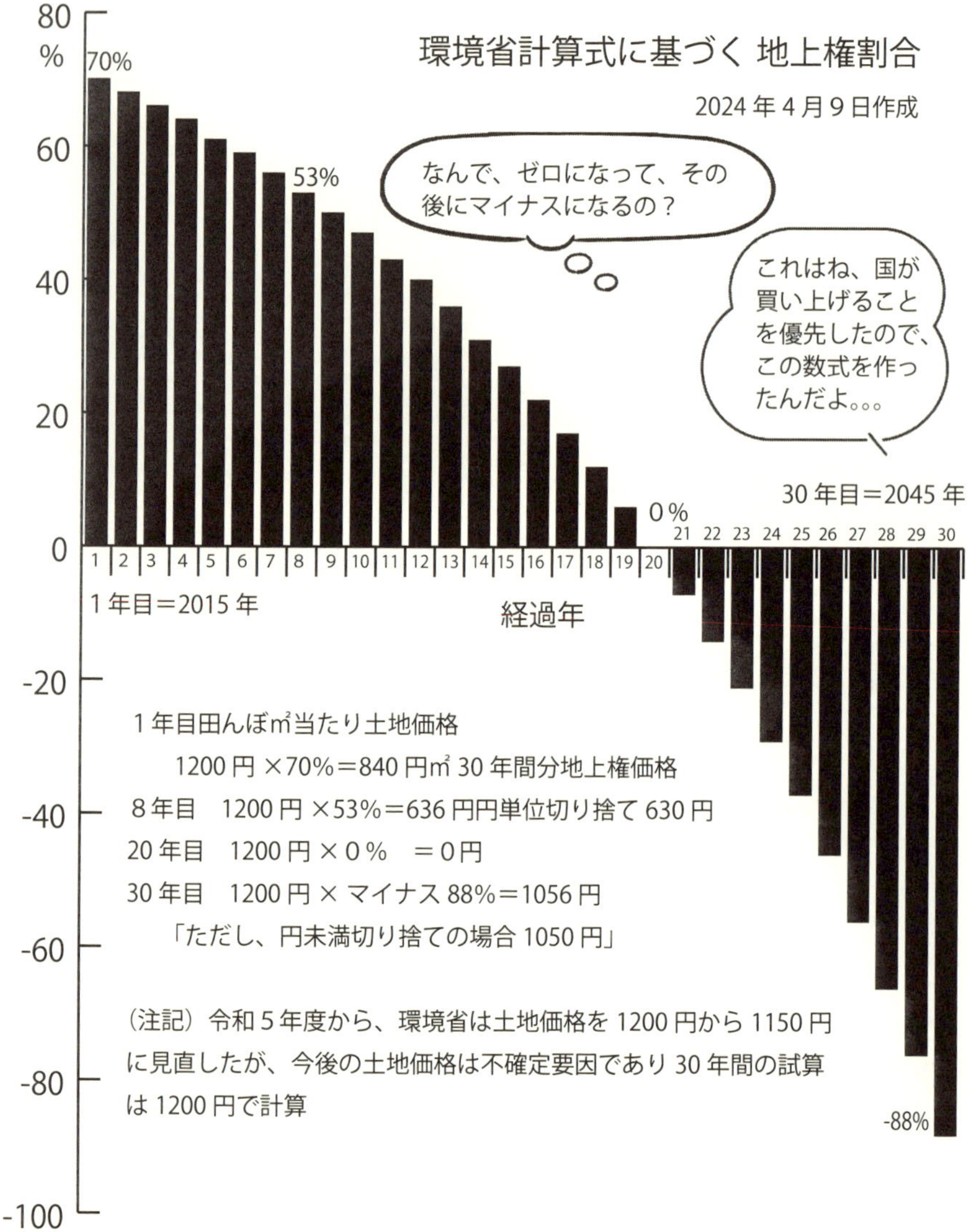
環境省計算式に基づく 地上権割合
2024 年 4 月 9 日作成
80
%
60
40
20
0
-20
-40
-60
-80
-100
70%
53%
0 %
-88%
1 2 3 4 5 6 7 8 9 10 11 12 13 14 15 16 17 18 19 20 21 22 23 24 25 26 27 28 29 30
1 年目＝2015 年
30 年目＝2045 年
経過年
なんで、ゼロになって、その後にマイナスになるの？
これはね、国が買い上げることを優先したので、この数式を作ったんだよ。。。
1 年目田んぼ㎡当たり土地価格
1200 円 ×70%＝840 円㎡ 30 年間分地上権価格
8 年目　1200 円 ×53%＝636 円円単位切り捨て 630 円
20 年目　1200 円 × 0 %　＝ 0 円
30 年目　1200 円 × マイナス 88%＝1056 円
「ただし、円未満切り捨ての場合 1050 円」
（注記）令和 5 年度から、環境省は土地価格を 1200 円から 1150 円に見直したが、今後の土地価格は不確定要因であり 30 年間の試算は 1200 円で計算

各年度の地上権割合の試算結果

1年目	2年目	3年目	4年目	5年目	6年目	7年目	8年目	9年目	10年目
2015年	2016年	2017年	2018年	2019年	2020年	2021年	2022年	2023年	2024年
70%	68%	66%	64%	61%	59%	56%	53%	50%	47%
11年目	12年目	13年目	14年目	15年目	16年目	17年目	18年目	19年目	20年目
2025年	2026年	2027年	2028年	2029年	2030年	2031年	2032年	2033年	2034年
43%	40%	35%	31%	27%	22%	17%	12%	6%	0%
21年目	22年目	23年目	24年目	25年目	26年目	27年目	28年目	29年目	30年目
2036年	2036年	2037年	2038年	2039年	2040年	2041年	2042年	2043年	2044年
-7%	-14%	-21%	-29%	-37%	-46%	-56%	-66%	-75%	-88%

2015 年度地上権割合 70% の環境省の説明資料

結果として「30 年後の土地価格を 100%」とした仮定した場合には、以下の通りの計算となります。

・現在の土地価格（50%）－ 30 年後の土地価格の現在決済額（15%）＝地上権の価格（35%）

・地上権の割合は、地上権の価格（35%）÷ **現在の土地価格（50%）＝0.7**

4．期間（n）

査定時点（令和 4 年 4 月 1 日）から契約期間満了日（令和 27 年 3 月 12 日）までの期間を 22.92 年（小数点第 3 位以下四捨五入）とした。

5．地上権割合

$$\text{地上権割合}=\left\{1-\frac{\dfrac{\text{返還時の土地価格}}{\text{地上権設定時の土地価格}}}{(1+r)^{n}}\right\}\times\alpha$$

$$\text{地上権割合}=\left\{1-\frac{\dfrac{\text{原発格差考慮前土地価格}\times 100\%}{\text{原発格差考慮前土地価格}\times 100\%}}{(1+0.065)^{22.92}}\right\}\times 1.0$$

「2022 年度地上権割合意見書
注：上の図の中の式は同意見書の算定式

貸借権とは、民法の債権で賃貸契約により借主はで賃料（地代）を支払う義務があります。

●継続した取り組み

二〇二三年四月三日、環境省に毎年行っている行政文書の情報開示請求を行いました。請求内容は今年度の仮置き場や中間貯蔵施設の用地補償額を決定するにあたり不動産鑑定会社に依頼した不動産鑑定評価書（同意見書含む）の開示です。

当初、環境省から依頼を受け土地価格と地上権価格のすべてを鑑定評価していた日本不動産研究所と、その後依頼を受けた各不動産鑑定会社はすべて同じ鑑定結果でした。二〇二二（令和四）年度の中間貯蔵施設の土地価格変動率±〇も各社全て同じで、地上権価格も全て同じでした。

つまり、環境省から依頼された不動産鑑定会社は土地収用法や要綱の条文「地代」に従っていないということです。

しかし日本不動産研究所の当初の調査報告書「二〇一四（平成二六）年三月三一日付け」では、土地の使用補償は要綱一九条の条文と同じ内容の用対連基準二四条の条文を記載して「地代（但し一括払い）」となっています。

それが、同年六月の石原環境大臣の「金目でしょ」発言から翌月七月中間貯蔵施設の全面国有地化計画から転換し、土地の使用（借地）地上権契約を認める流れとなったのです。同年九月の地権者説明会でルール違反の地上権価格がはじめて登場しました。この地権者説明会の資料「地上権価格」を作成したのも、環境省から依頼された日本不動産研究所です。

東京晴海の五輪選手村の土地価格一〇分の一。東京高裁裁判「被告東京都」も大阪カジノ夢洲の安すぎる土地価格と賃料の不動産鑑定評価も日本不動産研究所です。「大阪カジノ夢洲は二〇二三年四月三日大阪地裁に提訴」。これについて桐蔭横浜大学客員教授で不動産鑑定士の田原拓治氏は四社中三社が同じ価格であるが、偶然の一致はあり得ないと指摘しています。

前記のとおり中間貯蔵施設の各社鑑定評価・意見書も同じです。これらを見てみると昭和三七年閣議決定された要綱が軽視されていることや昭和三九年制定された不動産鑑定評価基準、そして同基準の基本的な原則を説いている「不動産の鑑定評価に関する基本的考察」が軽視されていることが分かります。このことからも法律や要綱などのルールを守るよりも環境省など依頼者の要望を受け入れる忖度された不動産鑑定士による不動産鑑定が中心になってきてはいないかと心配するのは私だけではないでしょう。

●人権無視を訴える

冒頭、原発事故と福島の復興を加害者側である国や東電などが踏み台にして「状況はさらに悪くなっている」と感じると述べました。その後、「この状況悪化」について環境省と30年地権者会との交渉や説明会の内容などからから説明しました。結果は中間貯蔵施設についても環境省の逃げる姿勢の状況はさらに悪化しているのです。地権者軽視、無視で憲法の基本的人権を侵害している国の進め方を見ていると本当にこの国は法治国家なのだろうかと疑問を強く感じてしまいます。

国民の皆さまは将来二度と原発事故は起こしてはいけないと考えていると思います。しかし沿岸部にある日本の原発や福一（フクイチ）の廃炉における諸問題、一号機格納容器土台のコンクリート剥がれ、政府の原発再稼働方針変換などを見ると原発のリスクがここにきてさらに高まっているように強く感じています。

環境省の用地補償は間違っています。その間違いの事実を示すことで将来の公共事業における憲法二九条三項の正当な補償が保障されます。そして中間貯蔵施設の地権者がルールに則った公平な補償をされることにつながると期待しています。それが出版の目的の一つでもあります。

繰り返しにないますが、このように被災者である地権者を軽視・無視した国・環境省の進め方を国民に伝えることで「二度とこのような人権を無視した公共事業をさせてはならない」と一人でも多くの皆さま感じていただきたいと願っておりますので、これからも環境省の間違った用地補償などを指摘し、見直しを求めていくとともにそれを国民の皆さまに伝えていきたいと考えています。原発事故と中間貯蔵施設の課題と問題点は他人事ではなく、自分のこととして考えてください。そしてそれを身近な人にでも伝えてください。

交渉から見えてくる東電の本性

●東電の本性とは

東電とは一体何ものか。福一（フクイチ）原発一号機格納容器基礎のコンクリートが溶け鉄筋むき出しは二〇二二年五月一九日の東電の調査で判明したが、その間この重大な問題に国も原子力規制委員会も何ら対応をしませんでした。二〇二三年三月二八日から三一日やっと東電が再調査をして写真や映像を公開しました。この結果を見て驚いた同委員会の山中伸介委員長が同年四月二五日の記者会見で「もっと早く対応すべきだった」と東電への不満を、翌五月一〇日には「東電もっと早く対応を」と話しました。マスコミも東電の福一原発一号機格納容器基礎コンクリート崩壊と報道しています。この問題は福島だけでなく、日本、世界の問題です。廃炉もこの基礎コンクリート崩壊問題も東電任せではだめで直ちに国には本気になって取り組んでほしいのです。原発の再稼働や六〇年の延長のまえに責任をもって対応するべきことなのです。

日本は本当に地震が多い。その地震を避けることはできません。ですが、人の努力で被害は少なくすることはできます。二〇〇四年周辺住民との意見交換会の席で当時の東電勝俣恒久社長がメルトダウン・メルトスルーは絶対にない。コストがかかる。だから地下にある非常用電源の対策は不要と住民からの対策要望を拒否し、その七年後東電は原発事故を起こしました。「天皇」と呼ばれていた勝俣氏は刑事裁判で自分に責任はないと主張しています。そしていま東電小野明廃炉推進カンパニー最高責任者は鉄筋むき出し・基礎コンクリート崩壊をみて「支持機能は維持されている」と強調しています。勝俣氏、小野氏両者の言葉が無責任という言葉で重なります。

また処理した汚染水の海洋放出について二〇一五年八月二五日付け福島県漁連の野崎会長にあてた文書に東電は関係者の理解なくして放出しないと記し約束をしました。しかし放出のトンネル工事は完了、準備を進めていました。これはやはり約束違反です。

さらに同じく東電の「中間指針第五次追補等に伴う追加賠償のご請求受付開始について」の文書も、東電の対応もあまりにもひどいものです。友人の言葉を借りれば「賠償請求を諦めさせる仕組みで、ひどい」ということです。東電の悪意を感じます。

●逸失利益の営農賠償

営農賠償とはなにか。それは、二〇一一年三月の福一（フクイチ）原発事故により農業生産者が農業をすることができなくなったので、農業を行った場合に得られたであろう利益「逸失利益」の賠償を東電が農業生産者に支払うことです。

今までも今後も避難指示が解除され、住民が戻り農業が再開できるようになり、原発事故前と同様の農業収入が得られた段階で営農賠償の支払いはなくなります。それまでは東電は賠償を継続しなければならなりません。しかし原発事故から一二年経ったいまも帰還困難区域では住民は帰還できず、当然農業の再開はできないので営農賠償の対象となっています。また帰還でき農業が再開されている地域も元の農業収入に戻るまで、東電はその差額分の賠償をしなければなりません。

●営農賠償の比較

それでは、現状はどうなっているのか。つぎの比較表のとおりです。

【営農賠償の比較表】

帰還困難区域、原発事故前の農業生産者　⇩対象
同区域、中間貯蔵施設の未契約者の農業生産者　⇩対象
同区域、中間貯蔵施設の地上権契約者の農業生産者　⇩対象外
帰還困難区域、同区域外、仮置き場の農業生産　⇩対象
同区域内外、原発事故前の収入が得られない農業生産者　⇩対象
同区域内外、原発事故前と同額の農業収入が得られた場合　⇩対象外

帰還困難区域である中間貯蔵施設エリア内の農地は、エリア外の帰還困難区域と同じく農業生産ができないので、他の同区域と同じく未契約者は賠償の対象になります。しかし、地上権契約者は営農賠償の対象外。また帰還困難区域、同区域外の仮置き場で貸している農業生産者は営農賠償の対象である。単純に前記【営農賠償の比較表】を見比べてもおかしいです。

なぜこのようなことになっているのか、なぜ、東電はこのようなことをしたのか。東電が途中から地上権だけを対象外とした根拠と論理とは何であるのか。二〇二二年六月六日の交渉の場で東電は口頭で末尾に掲載のとおり回答を示しましたが、回答と言える内容からは程遠いものでした。

二〇二二年度、30年地権者会の定期総会で会員の皆さまから事業計画の承認を得、農業生産者や専門家の先生方と一緒に東電と営農賠償の見直しの交渉を行った結果、いろいろな問題や東電の間違いが明らかになってきました。この問題は中間貯蔵施設エリア内賠償だけでなく農業生産者全体の問題なのです。

●約束した回答文書

二〇二二年八月八日東電との三回目の交渉後、複数の農業生産者の方から「地上権は営農賠償対象だと東電が説明していた」との声が私に届きました。それを受け資料を探したところ「平成二八

（二〇一六）年一一月七日付東電回答文書」及び「平成三一（二〇一九）年一月二四日の私と東電の交渉記録・東電作成」を次のとおり確認できました。同回答文書で東電は平成二九（二〇一七）年一月以降の地上権を設定した農業生産者に賠償すると明記していたのです。

しかし現実には賠償していない。これは明らかに約束違反です。平成三一（二〇一九）年の東電作成交渉記録では賠償することを追認しています。

【平成二八（二〇一六）年一一月七日付東電回答書】

「問い合わせ内容」

二倍相当額（＝二年・翌月三倍相当額＝三年に変更）の支払について、中間貯蔵施設用地として国と契約した場合の賠償の取り扱いが以下のケースの場合どうなるのか。（避難指示区域内）

（1）平成二八（二〇一六）年一二月までに農地を売却した場合

（2）平成二八（二〇一六）年一二月までに農地に地上権を設定した場合

（3）平成二九（二〇一七）年一月以降に農地を売却した場合

（4）平成二九（二〇一七）年一月以降に農地に地上権を設定した場合

「（東電）ご回答」

平成二八年一二月までに農地を売却、もしく農地に地上権を設定した場合でも、または平成二九年一月以降に農地を売却、もしく農地に地上権を設定した場合でも、基本的には事故時点で営農をしていた方に年間逸失利益（期待所得）の二倍「二年二〇一七・二〇一八年」相当額（＊翌月に二倍から三倍相当額「三年二〇一七年～二〇一九年」に変更）を賠償させていただきます。ただし、損害賠償請求権を含めて土地を売却された場合、買い主の方が賠償対象となります。（従いまして、売主の方は賠償対象外となります。）以上

【平成三一（二〇一九）年一月二四日東電の東電作成交渉記録】

「（東電）ご回答」

二〇二〇年一月からの対応については、さらにご事情がある場合は、個別にご事情をお伺いさせて頂き、損害が三倍相当額の賠償額を超過した場合には、適切にお支払いさせていただく事。以外の決定事項はない事についてご説明しご了解※を得る。

●約束違反の事実

つぎは営農賠償の資料「損害請求内容確認書（令和二年）・ご生産者控え」に基づきます。その内容は中間貯蔵施設エリアのある農業生産者は地上権契約を二〇一八年に契約したところ二〇一九

（平成三一・令和一）年から営農賠償の対象外とされた事実「請求確認額〇円」が記載されています。

つまり、東電は二〇一七年から二〇一九年の間に農業生産者である地上権契約者の営農賠償を打ち切った事実です。したがって東電は平成二八（二〇一六）年一一月七日付東電回答書の約束を破っているということです。

この約束違反について二〇二二年一〇月一九日東電側弁護士に会い、個人情報を除いてその事実の証票を提示したが、同弁護士は平成二八年一一月七日付東電回答書のみをメモしたのみで他はメモしませんでした。その後、現在（二〇二三年五月一四日現在）まで、東電からその約束違反についての回答を何度も催促しましたが、ありません。これは単なる東電の引き延ばしではなく、おそらく東電は回答が出来ないのです。

四月一〇日付けで東電に対し回答を求めた催促文書を送付しました。「末尾送付文書のとおり」

※ご了解を得るとあるが、その後二〇二三年三月一二日までの補償について追及しているが、東電から明確な回答はなかった。

●意向確認は不要

地上権契約者だけを営農賠償の対象外にした東電の説明とその間違いについて説明します。東電は農業生産者の意向「意思」を確認しておりこれを賠償の大前提としています。

ここで重要なのは意向確認書に意向なしとチェックを入れた時点で賠償対象外となる点です。その意味では中間貯蔵施設内だけの問題ではありません。この意向確認とは何なのか。

なぜ、東電はこの意向確認を大前提にしているのか、そして意向確認は必要性が本当にあるのか。

つぎし示した「意向確認書要約版」の「現時点で」が東電の罠なのです。


【東電から農業生産者への意向確認書　要約版】

□　現時点で営農再開の意向あり

□　現時点で営農再開の意向なし

該当箇所をチェック

【二〇二二年六月越前谷弁護士が東電の論理の逆転を指摘】

東電との交渉の場で、いわき法律事務所越前谷元紀弁護士は次のように、指摘しました。

「現時点で、営農再開の意向あり」とあるが、帰還困難区域にあり、除染も進んでいない現在においては、農業ができる状態ではない。営農再開できるわけがない。東電は、意向確認とは、「将来農業が再開できるようになった時点、その時点で農業をやる意思「意向」がいま（現時点）ありますか、と聞いている」という。しかし、東電の意向確認書の文面「現時点」からは、そう読めない。

また、「将来の農業再開時点（X時点）は東電でも分からない」（東電の回答）のだから、「その将来時点は近い将来か遠い将来か分からない」。だとすれば、意向確認は「いま聞く（確認する）のではなく、将来農業が再開できるようになったその時点で確認するもの」と質しました。

将来、農業ができる状態になりました、となって、その時初めて、損害論として、今農業ができていないのは、原発事故による因果関係によって農業ができないのか、それともできるんだけれども、農業をやる意思がないのか、というところで、議論になるものだと指摘しました。

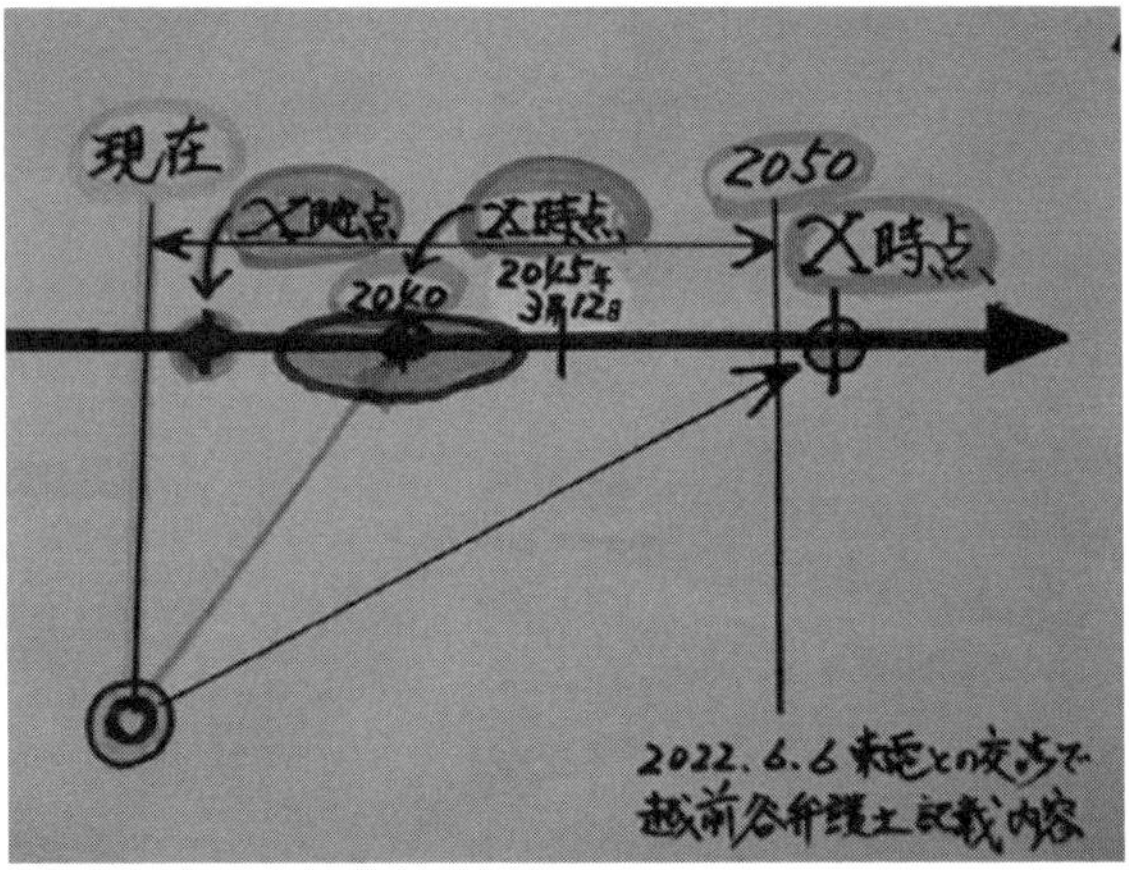

さらに、東電の主張は、「地上権契約は、三〇年契約なので、営農再開の意思はない」というものだ。しかし、そもそも、「今後長期間にわたって、この土地が利用できない、農業ができない、その状況において、この土地を貸してくれませんか、と国に頼まれた。どうせ、農業できないんで、その期間だけお貸ししましょう」というのが、今回の地上権契約です。東電の主張は、「土地を貸すということは、そもそも農業の意思がなかったということでしょう。それなら損害はありません」というのであるから、論理が逆転しています。

そして、「東電は、仮置き場は短期を想定した契約なので（営農再開の意思があり）賠償対象であるが、地上権契約は三〇年（長期）契約なので（営農再開の意思がなく）賠償対象外としているが、「将来の農業再開時点（X時点）は東電でも分からない」のであるから、短期、中期、長期で賠償の有無を分ける合理的な理由はない」と指摘しました。

東電からはこれに反論する論理的な説明はありませんでした。

●営農意思は賠償に必要ない

同じく交渉の場で熊本一規さん（明治学院大学名誉教授）が損害賠償は逸失利益の有無によって決まると次の通り指摘しました。

東電は三〇年の地上権契約を交わしたから営農の意思（意向）はないと判断したがそれはとても乱暴なことです。だから農業生産者はじめ多くの皆さんが不信感をいだかれています。さらに仮に営農の意思がなくなったらなぜ損害賠償をしなくてよいのかという根本的な問題があります。損害賠償をしなければいけないかどうかは法的には差額があるかどうかによって決まってきます。したがって「営農意思があれば損害賠償しなければいけない、営農意思がなければ損害賠償をしなくてもいいという問題ではない」「営農賠償は営農意思の有無とは関係がない」のです。

例えば重大な交通事故で足が不自由になり半身不随に近い状態になった人がいるとします。その被害者に対してあなた元の職業に戻る気がありますか、ということを聞いて、戻る意思があるなら損害賠償が必要だけれども、戻る意思がなければ損害賠償の必要がないと言っていることと同じです。そんな元の職業に戻るかどうかは損害賠償とは関係がありません。どうして営農再開の意思の「あり・なし」によって、東電は損害賠償の必要性が変わってくるのか、まったく理解できません。民法七〇九条に法り営農賠償すべきです。※

●東電のずるさ

つぎに同名誉教授は仮置き場や中間貯蔵施設の土地使用補償による収入は営農での逸失利益と損益相殺すれば公平な営農賠償になり、東電に対する不信感は解消され

※八月八日の交渉の場で熊本名誉教授から東電に質問書を提出、東電からの回答書面を求めた。その後再三書面回答を求めたが、今年の四月に入り東電から代理人以外からの書面回答は拒むとした回答があった。これを受け四月一七日付けで私門馬好春の名前で同じ内容の質問書を送付した。「末尾の送付文書のとおり」

【原発事故前農業生産者の営農賠償比較表】

注：中間貯蔵施設区域は全て帰還困難区域

帰還困難区域	→	賠償対象
未契約者	→	賠償対象
中間貯蔵施設の地上権契約者	→	賠償対象外
帰還困難区域外の仮置場契約者	→	賠償対象
同区域内外の収入減収者	→	賠償対象
同区域内外の事故前と同じ収入者	→	賠償対象外

注：仮置場地代が営農賠償額以上の場合支払額は0円

営農賠償の対象・対象外の比較表

るのではないか、と糺しました。
これを具体的に次のとおり試算。

損益相殺「年間逸失利益（農業収入）－年間土地使用補償額＝支払い賠償額」

【米作での10ａでの仮置き場の計算例（東電資料に基づく）】

「年間期待所得 五万七四七〇円－年間地代 一八万九〇〇〇円＝営農賠償額〇円」

【同一条件での地上権の試算結果】

「年間期待所得五万七四七〇円－年間地上権価格二万八〇〇〇円（注）＝営農賠償額二万九四七〇円」

（注）年間地上権価格　八四万円（三〇年間）÷三〇年－年間地上権価格二万八〇〇〇円）

このように仮置き場は営農賠償が〇円となり、地上権契約者は賠償額がでることになります。つまり、東電は賠償額がでない多くの田んぼの仮置き場には営農賠償対象とする一方、賠償額がでる中間貯蔵施設の地上権契約者に対しては営農賠償の対象外にするというやり方を取っているのです。

もう一つ中間貯蔵施設への売却者と地上権契約者と未契約者の用地補償と営農賠償などを合わせた試算比較をしてみると次のようになります。

「田10ａ当り・但し財物賠償と二〇一六年迄の営農賠償は全て対象なので試算から除く」
○売却者　売却額一二〇万円＋交付金一二〇万円＋契約後営農賠償〇円＝二四〇万円
○地上権者　契約額八四万円＋交付金八四万円＋契約後営農賠償〇円＝一六八万円＋三〇年後の所有土地価格（環境省一〇〇％評価）二四〇万円＝四〇八万円
○未契約者　契約額〇円＋交付金〇円＋継続分の営農賠償Ｘ万円＋三〇年後の所有土地価格（同省一〇〇％評価）二四〇万円＝Ｘ万円＋二四〇万円

この環境省の用地補償と東電の営農賠償を合わせた試算結果は、不条理な結果となりました。

●余儀なき仕儀は同じ

同じく交渉の場で磯野弥生さん（東京経済大学名誉教授）は、次のように指摘しました。

本来なら中間貯蔵施設事業は、公共事業一般的な公共事業におけるダムを造る、道路を造るのとは全く違っています。まさに今ここで議論されていた様に原発事故による放射能汚染を除去する必要に迫られる中で、除染土を一箇所に集める中間貯蔵施設を早急にどこかに造らなければいけない

＊仮置き場について東電は「地域等の要請により農地を仮置き場にすることを余儀なくされた場合は休業賠償の対象」としている。

状況だった。これは国民も県民もみんなが承知していたことです。

だから本来なら東電の費用で東電の敷地に造ればいいものを、そうではなくて国側の出費で、一刻も早く民有地を利用してでも造らなければいけなかったのです。その結果、施設用地内の地権者は、県民全体のために農地を提供することを余儀なくされました。すなわち、事故がなければ農業を続ける意思のあった人々にとって、農地の提供は福島原発事故の被害によるものです。

土地の提供については、三種類「土地を売った人、それから土地を貸す地上権設定で同意した人、未だ売らない、貸さない」が現実には別れ出てきました。それら全ての人について、国が中間貯蔵施設をつくり、農業をできない状態にした。「もし農業を続けたいならあくまでも農地を売ってはいけない、あるいは地上権の設定をしないと言う選択肢がある」ということを政府なり東電なりが、イメージ的にも話していませんでした。

そして、中間貯蔵施設は仮置き場用地より長期にわたるとは言え、二〇四五年までという期限付きの土地利用なので、地上権を設定した方は三〇年間すれば戻ってくると思っています。だから地上権の設定をしているのです。これまで述べてきた事情から、農業ができない状況が解除されれば、農業をすると推定することが適当です。農業を継続する意思如何という問題は本来ならここ営農賠償で出してくることは適切でないのです。

中間貯蔵施設の場合は「特に農業をしないから、またはする意思がないからあなたに貸しましたよ、というよりも、やむにやまれず、福島の福島県民のためにそうしたのですよ」というのが地権者の本音なのです。

●回答が困難だから時間稼ぎ

30年地権者会は、二〇二二年一〇月大熊町吉田淳町長、双葉町伊澤史郎町長に農業生産者の営農賠償見直しの声を含め、報告し支援の要望書を提出しました。同様に福島県内堀知事、福島県原子力損害賠償協議会、農協中央会、さくら農協にも報告し要望書を提出し支援を要請しています。

農協中央会からは中間貯蔵施設の地上権契約者への営農賠償について「東電と協議はしていない」という話です。これは原発事故の加害者である東電が勝手に東電だけの判断で地上権契約者の営農賠償から対象外にしたということです。

大熊町前町長渡辺利綱氏にこの地上権契約者だけが営農賠償から外された話をしたところ「それは盲点だった。頑張ってほしい」と激励を受けました。

一方同年八月八日の交渉の場で、この問題は東電の小早川社長以下全役員に報告してあることを確認しましたが、小早川社長のコメントは拒否でした。ここでも原発事故の加害者の態度ではなく、明らかに時間稼ぎをしています。

●東電との今後の交渉

「東電」と「環境省」は実によく足並みが揃っています。原発事故加害者側の一方的な押し付けで中間貯蔵施設に協力している地権者が、土地売却者と地上権契約者がなぜこれだけの仕打ちを受けなければならないのでしょうか。

東電が起こした原発事故により避難を余儀なくされ農業再開の希望をもって地上権契約をむすび中間貯蔵施設の用地に協力した農業生産者たちがなぜこのような差別的なひどい扱いを受けなければならないのか。中間貯蔵施設が計画されていた段階では国も県も大熊町・双葉町に何とか協力をお願いしますと言っていたのが、時間が経過した今はこのひどい扱いです。やはり東電賠償も中間貯蔵施設の用地補償も加害者側、東電と国の判断で一方的に決められていることが大きな間違いなのです。

東電からの再三の引き延ばしに対して、熊本一規明治学院大学名誉教授からは、単に時間稼ぎではなく、「東電は回答が困難なのだ」との示唆を頂きました。

交渉記録などを読み直してみて、「回答が困難」困難とは「回答が出来ない」から時間稼ぎをせざるを得ないのです。二〇二三年五月二日東電に回答の催促をしてから五月一五日また早急なる回答を申し入れました。そこには再度「平成二八（二〇一六）年一一月七日付東電回答書など二〇二二年一〇月一九日東電依頼弁護士に示した証憑」は同弁護士は三つのうち一つしか記録しませんでした。

その後、同弁護士は確認した証憑は一つとの主張を続けたので二〇二三年五月二六日、30年地権者会の作本副会長と共に同弁護士と交渉、同弁護士との交渉録音と抜粋テープ起こし記録を示し、同弁護士が認めなかった、昨年私が同弁護士に提示した三っの証憑を認めさせました。また平成二八年東電回答書の弁護士メモの一つを受けても東電は七カ月間、当方への約束の不履行も確認、ここにも、東電の本性が見えます。この為前回、同弁護士に提示した三証憑資料に加えて「三倍相当額一括賠償」を記載した二〇二〇年四月東電資料などを併せて手渡し東電に対して早急な回答を申し入れました。

東電との営農賠償に関する資料

【六月六日東電の口頭回答】

一．「まず、中間貯蔵施設の賠償の考え方について」

土地提供者は土地売買者も地上権設定者も同じである。

これは農業以外に供される蓋然性が高く、相当期間、中間貯蔵施設に農地を提供することを目的とした契約締結の事実から現時点で、営農再開の意思がないことが客観的に確認できることから、農業の賠償対象外としている。

一方、中間貯蔵施設への契約未締結者（国・環境省と交渉中含む）は中間貯蔵施設エリアとなっているが、現時点で営農再開の意思を否定することが、客観的にはできないことから、農業の賠償対象としている。

二．「続いて仮置き場等の営農賠償の考え方について」

仮置き場は短期間、一時的な使用を想定、その後、農地として原状回復の上、土地が返還されることから、当社が営農意思なしと判断することが困難であるので、農業の賠償対象と考えている。

帰還困難区域において仮置き場の期間が長期化し、一〇年近く経過しているものもあるが、これは結果として短期間契約が、更新していると考えている。実際契約書の確認もしている。

ただし、長期化しつつある仮置き場は、農業賠償の請求を受け付けた際、必要に応じて仮置き場の地権者から事情を伺うこと等により、今後とも適切な賠償に努めたいと考えている。

三．「仮設焼却場などについて」

前回協議の際、回答を保留した（中間貯蔵施設、仮置き場と同じく国の借地）仮設焼却場、セメント固型化処理施設、フクシマエコテッククリーンセンター（特定廃棄物埋立処分施設）入り口部分等は、場所が限定され、地権者の特定につながるから、回答はしない。

四．「契約期間の長期短期について」

また、前回協議の際の質問への回答だが、東電として、損害発生の蓋然性を踏まえ、対応している。（営農賠償の）請求受領の都度、請求内容を総合的に勘案の上、今後とも適切に判断していくことを考えている。

五．「営農再開の意思について」

前回の協議での意見に対する回答は、東電は、請求時点の営農再開意思を、確認する※ことにより今後とも、適切な農業賠償に努める。

中間貯蔵施設に農地を提供したことを以って、相当期間農業以外の事業に供される蓋然性が高いことから、農業の休業の賠償対象外であると考えている。

【四月一〇日付け送付文書】

東京電力ホールディングス株式会社さま

高木　彰臣弁護士さま

お世話になっております。

二〇二二年一〇月一九日高木弁護士さまの事務所に於いて「平成二八年一一月七日付け東電回答

書「中間貯蔵施設用地に関するお問い合わせについて（翌月一二月二倍相当額の営農賠償額から三倍相当額に変更）」と「平成三一年一月東電回答書「平成三一年一月二四日の対応記録東電作成（同じく三倍相当額の営農賠償を支払う）」及びその三倍相当額の賠償期間内（二〇一七年～二〇一九年）にも拘らず、その約束した期間内に営農賠償対象外とされた通知書「損害請求内容確認書（地上権契約を締結した農業生産者が貴社《さくら農協経由》から営農賠償の対象外の通知を受ける）を高木弁護士さまにご確認いただきました。

その際、高木弁護士さまは平成二八年一一月七日付け回答書のみを手書きで写され、その他については黙読確認をされておりました。

その後約五カ月近く経過いたしますが、東京電力ホールディングス株式会社さま、高木弁護士さまから同回答文書で二〇一七年～二〇一九年は地上権契約者に営農賠償を支払うと約束した内容と営農賠償支払いの事実「損害請求内容確認書」（賠償期間にも拘らず地上権契約者を営農賠償の対象外と変更）が異なっていることに対するご回答「ご説明」が未だありません。

東京電力ホールディングス株式会社さま、高木弁護士さま、同回答文書と同事実については整合性がありません。改めてご回答「ご説明」をよろしくお願いいたします。

また本年二月二日高木弁護士さまにメールで東京電力ホールディングス株式会社さまのご回答「ご説明」をお願いいたしましたが、四月一〇日現在まだ回答をいただいてはおりません。

国会中継などでは貴社小早川社長さまが幾度もご発言されている「丁寧な説明」とは、残念ながら大きな隔たりを感じざるをえません。

東京電力ホールディングス株式会社さま、高木弁護士さま、すでに十分なご検討の時間を経過しておりますので、ご回答「ご説明」をよろしくお願いいたします。

令和五（二〇二三）年四月一〇日

（30年中間貯蔵施設地権者会　会長）

門馬好春（30年中間貯蔵施設地権者会会長）

【二〇二三年四月一七日付送付文書】

東京電力ホールディングス株式会社さま

高木　彰臣弁護士さま

お世話になっております。二〇二二年八月八日交渉の際、熊本一規明治学院大学名誉教授から貴社側にご提出した文書「営農賠償制度について」の「一・営農賠償制度の要点」について異議がある場合は具体的にご指摘ください。また、「二・営業賠償制度についての質問」については四月一一日の回答で「代理人の方以外の書面に個別に回答すると、議論が錯綜することになりかねないので、熊本先生のご質問について書面で回答することは適切でない、ということをお伝えした」とありましたので、私門馬好春からの質問書とさせていただきます。昨年八月から八カ月経過しております。早急に「一・」「二・」あわせて書面回答をお願いいたします。

営農賠償制度について

二〇二二年8月8日　熊本一規

一．営農賠償制度の要点

「避難指示区域内の農業者さまに対する一括賠償後のお取り扱いについて」（東京電力二万〇一九九）によれば、次のとおり。

1-1 一括賠償（一頁）

従前の耕作地等で従前と同等の営農継続が困難になったこと等に伴う休業等に関する二〇一七年一月以降の損害について、二〇一六年における年間逸失利益の三倍相当額を一括賠償。

1-2 一括賠償後の追加支払い（一頁）

弊社事故と相当因果関係のある損害が一括賠償額を超えたとき（①～③）は、超過分について追加支払い。

① 営農再開後も風評被害が継続する場合（価格差賠償）

② 営農再開後も作物が収穫に至らない場合（売上差賠償）

③ その他の農業固有の特性によるやむを得ない特段のご事情により損害の継続を余儀なくされている場合

1-3・1-2③の考え方（一頁）

一例として、以下の休業損害が対象となると考えております。

○ご請求いただける方：従前の耕作地で営農を再開されるご予定の農業者さま

○賠償対象となる損害：営農を再開されるご意向にもかかわらず、弊社事故に起因する事由により営農が妨げられていることに伴う損害

○賠償対象となる期間：営農再開が可能となるまでの必要かつ合理的な期間

1-2
③の事例（三頁）
余儀なき事情に該当し得る事例…仮置場として農地を提供
水路が使用できない（弊社事故に起因する事情がある場合）余儀なき事情に該当しない事例…太陽光発電設備を設置している
1-5 農業以外の収入の控除について（11頁）
控除対象となる事例
○農地を活用して収入を得た場合
・農地を仮置場等へ供出したことによる賃料収入
・農地に太陽光発電設備を設置したことによる売電収入等
○従前農業を実施していた労働力で新たな仕事を行った場合

二．営農賠償制度についての質問
Q1 「一括賠償」の法的根拠は何か？
民法七〇九条：故意又は過失によって他人の権利又は法律上保護される利益を侵害した者は、これによって生じた損害を賠償する責任を負う。要するに、「不法行為に伴う損害賠償責任」を規定している。
差額説：不法行為によって被害者に実際に生じている財産状態と、不法行為がなかったならば、あったであろう財産状態との金銭の差を損害と捉える考え方。通説となっており、判例も差額説の考え方に立っている。

逸失利益：損害賠償において請求することのできる損害の一つで、本来得られるべきであるにもかかわらず得られなかった利益をいう。「得べかりし利益」とか「消極的利益」ともいわれる。損害は、財産的損害と非財産的損害に分かれ、財産的損害は、さらに積極的損害(被害者がその財産から出費した損害)と消極的損害（将来得られるはずであった利益の損害）に分かれる。

Q2 「追加支払い」の法的根拠は何か（「一括賠償」の法的根拠と同じか否か）？

一括賠償は二〇一七～二〇一九年の逸失利益についての損害賠償

追加支払いは、二〇二〇年以降の逸失利益についての損害賠償

Q3 一括賠償も追加支払いも法的根拠は「逸失利益に対する損害賠償」なのだから、地上権契約者に対して「一括補償」をしながら「追加支払い不要」とするためには、地上権契約者に二〇一七～二〇一九年に存在していた逸失利益が2020年以降ゼロになったことを論証しなければならない。その論拠は何か。

Q4 1-3で「1-2③の考え方」について「一例」のみしか例示されていないが、他にも多くの例があり得るはず。

「逸失利益が続く限り追加支払いが必要」なのだから、営農不能な状態が続く限り、逸失利益に対する損害賠償が必要ではないか。

Q5 新たに実施した事業による収入は逸失利益と損益相殺すれば済むのではないか。それは、仮置場でも太陽光発電でも地上権契約でも同じではないか。

差額＝逸失利益(事業収入がある場合には損益相殺後の逸失利益)＞〇ならば、損害賠償が必要ではないか。

Q6　営農不能な状態が続き、逸失利益が存在し続けているのに、なぜ、将来の「営農再開の意思の有無」によって損害賠償の要否が分かれるのか。

・11頁では、「農地を活用して収入を得た場合」も「従前農業を実施していた労働力で新たな仕事を行った場合」も控除対象とされている（＊）

農業以外に土地を活用しても農業以外に就労しても、それに伴う収入を控除対象にすれば（損益相殺すれば）済むということ。

・「営農再開の意思」がなければ損害賠償の必要がない、とするのは、11頁＊と矛盾する。

・損害賠償の要否の基準は「差額(逸失利益)＞〇」であり、「営農再開の意思」ではない。

「損害賠償は必要だが、営農賠償は不要」ということか。

以上

福島第一原子力発電所の廃炉と中間貯蔵施設の視察を通して見えてくるもの

●川崎先生から電話を頂いた

二〇二三年二月二三日、福島大学共生システム理工学類の川崎興太教授から電話があり、福島長期復興政策研究会主催の福島ツアーへの参加と講演依頼を頂きました。この研究会は「福島の長期にわたる復興のあり方や復興政策のあり方を検討することを目的として二〇一八（平成三〇）年五月に設立された。設立以来、福島原発事故の発生に伴って避難指示などが発令された一二市町村（双葉町、大熊町、富岡町、浪江町、飯舘村、川俣町、南相馬市、葛尾村、楢葉町、川内村、田村市、広野町）を主な対象として、現地調査、住民の方々や市町村長などのヒアリング調査、研究会のメンバーによる研究発表会、講師を招いての講演会などを取り組んできました。（代表：川崎教授）

このツアーは、次のように実施されました。

六月一三日～一四日の一泊二日。初日、福島駅集合組といわき駅集合組でスタート。昼食後、富岡町の廃炉資料館に集合。東電職員からビデオと概要を聞き、その後バスで移動。大熊町と双葉町にある福島第一原子力発電所（三五〇 ha）を視察。

　その日はいわき湯本の元禄年間、創業・古滝屋に宿泊。参加者一同と一六代目当主・里見喜生さんを囲んで夕食会、その後、希望者に古滝屋九階「原子力災害考証館 furusato 」で「中間貯蔵施設の課題と問題点について」のパネル・写真展示内容をご覧いただいた。中間貯蔵施設の現状を私が説明。

　翌日午前中は大熊町にある中間貯蔵工事情報センターでジェスコ職員からビデオと概要説明を受けました。その後、二台のバスに分乗、中間貯蔵施設の大熊町側を視察。午後はリンクル大熊で私の中間貯蔵施設の講演会と意見交換会及び学び舎夢の森園長・校長南郷市兵さんの講演・意見交換会と盛りだくさんの内容でした。

中間貯蔵施設の今を伝える原子力災害考証館 furusato（いわき湯本古滝屋９階）
入り口に「未来のえがお」と記した。「私たちが失ったもの　そして取り戻したいもの」

私にとって、この二日間はとても貴重な体験でした。多くの方々とお話ができ、知り合いになることができたことは大きな喜びでした。一方、福一（フクイチ）廃炉と中間貯蔵施設の視察では原発事故後既に一三年目に入っているという重い現実にも拘らず、東電職員とジェスコ職員の説明の空疎さに愕然としました。

今、原発事故後一三年目に入り、国は私たちを巧妙にこの重い現実、原発事故というを事実を忘れさせようとしています。マスコミ報道も三・一一の前後には多くなるが、その発信量は年々少なくなっています。それらが影響してか国民もこの現実を忘れかけているように感ます。しかしこの悲惨な、過酷な事実は決して忘れてはいけません。「災害は忘れたころにやってくる」ありふれた言葉だが重い真実です。思うに、原発災害も同じだ。人々の意識、記憶からこの原発事故が消えた時、リスクは高まります。

このような悲惨な大事故を二度と起こしてはいけない。そのためには決して忘れてはいけません。原発を推進したい国の方針と原発の建設や再稼働に向けて舵を切ろうとしている自治体にはこの福一原発の廃炉と中間貯蔵施設の現実、そしてその周辺市町村の現実をその目でじかに見てほしいと思っています。

また全国で福一原発事故被害を訴え、救済を求める裁判が続いています。裁判官と裁判所の職員も全員が福島のこの現実をじかに見て、目先のことではなく、未来を考えてほしい。われ

中間貯蔵施設内の特養ホーム跡から見た中間貯蔵施設と福一原発廃炉

われ大人は千年先二千年先の子ども達の「未来のえがお」に、目を向けなければなりません。なぜなら、この福一原発敷地三五〇haも中間貯蔵施設一六〇〇haもご先祖様からの預かり物です。未来の子どもたちからの借りものだからでなのです。

●言葉の謝罪と現実とのギャップ

まず、いつも思うこと。廃炉資料館と福一原発を視察すると東電から、原発事故について謝罪の言葉を聞くことになる。だが、なぜ、東電がこの事故を発生させたのか。原発事故の原因など、過去の経緯も含めて説明がない。被災者の側に立った眼差しが希薄なのです。

そこには加害者としての責任感の希薄さが感じられて悔しく思う。同じことを双葉町にある東日本大震災・原子力災害伝承館でも感じます。

島崎邦彦氏の著書「三・一一大津波の対策を邪魔した男たち」（青志社）が話題になっています。

政治家、経産省職員、東電社員にも是非読んでもらいたい本です。

原発事故を天災や文明災という人もいるが私は人災であると思います。今回の視察でも東電側から原発事故を起こした反省が感じられませんでした。そして原賠審第五次指針に基づいた追加賠償請求の東電の対応もひどいものです。

また処理した汚染水の放出計画も一号機の格納容器基礎のコンクリートが溶け鉄筋がむき出しになっている問題も同じです。さらに二号機の格納容器上部の高線量の問題など含めて考えてみると、東電への不信感は一〇〇％に近いといえます。

福一（フクイチ）原発について次の写真は少し色あせていますが、原発事故前の様子です。この写真には汚染水タンクも中間貯蔵施設もありません。左上の●が私の実家

事故前福一原発　●：門馬好春の実家、▼：門馬好春の田圃、☆：磐城飛行場跡記念碑

です。またその真下海岸沿い に古墳のような形「展望台（現在封鎖中）」が映っています。その一角に昭和一五年、陸軍が造った磐城飛行場跡の記念碑（封鎖していない）があります。

私の祖父母や父も当時原発の二号機西側に住んでいました。しかし、わずかな補償金で住んでいた家を他の一〇戸と共に追い出され、やがて後に中間貯蔵施設のエリアとなった場所に移転しました。そして原発事故でまた追い出されました。国が絶対に勝つと言っていた戦争には負け、国も東電も絶対に起きない、起こさないと言っていた原発事故は起きました。

●廃炉はできるのか？

富岡町にある廃炉資料館から国道六号をバスで北上し、中間貯蔵施設エリアを通り福一構内に入ります。。

ここは私の生まれ育った場所です。福一原発構内に入るバス中から、ふるさとのこの惨状の現実を見ると胸が締め付けられてきます。親戚の家は取り壊されてなく、道路沿いにある竹馬の友の家は草木で覆われており、実家に行く道はバリケードで遮断されています。バスの中から実家の近辺が見て取れますが、荒涼とした原野のようになっています。。

福一敷地内に入り先ずは廃炉資料館と同じようにビデオと東電職員の説明。印象に残ったのは、ビデオ終了直後、「安全を着実に進めている」との言葉が出たことです。安全の押し付けのように感じられました。続いて厳重なチェックを受け構内をバスで移動、東電職員から汚染水・汚染水タンク・放出の説明と続きます。

そして「安全作業はご理解いただいた」「海洋への放出理解は未だである」と続きます。えっ、安全作業とはなにか?汚染水のこと、理解を得る前に工事を進めたこと?これも「二〇一五年八月二四日、経済産業大臣名で関係者の理解なしではいかなる処分も行いません」を確約しているはずです。「約束を守る」という重い言葉がとても軽く扱われおり、怒りさえ感じます。

●崖を削り造った原発

バスは東電の旧事務本館に向かい、海近くまで下る道路から分岐した道を通って一号機東側一四〇メートルに位置する高台でバスを降りました。

本当は旧事務本館に向う道を通りたかった。なぜならその道を通り下ると四〇メートル近くあった海岸線の崖をここまで削って掘り下げたことが体感できるからです。なぜ、そこまで削る必要があったのでしょうか。そのバスを降りた高台での線量は六八μSv/h、バスの中は二〇μSv/h。

東電職員の説明を聞いて思うことは、一三年目でまだこの程度ということです。いったいデブリを取り出し、廃炉が完成するまでに何年かかるのでしょうか。そもそも廃炉とは何か、その定義もされていないのです。

現場を見ることはとても大切で、重要なことです。東電職員に質問しました。

「元社長の勝俣恒久氏は事故後福一（フクイチ）原発を見に来たことはありますか」

「ないと思います」という答えが返ってきました。

二〇〇四年東電幹部と周辺住民との意見交換の場で勝俣社長は「メルトダウン、メルトスルーは絶対にない」「コストがかかる。だから地下にある非常用電源は上にあげる必要がない」と住民の要請に対し拒否回答をしています。

非常用電源車は現在、海抜三二メートルに配置していると東電職員の説明がありました。なぜ、事故前にできることをやらなかったのですか、と言いたかったです。

災害防止のリスク対策の基本は「最悪を想定した対策」です。しかし、一号機格納容器の基礎コンクリートが溶けていることに対する東電の記者会見内容も「最悪を想定」とは真逆です。本当に事故前と事故後の今、東電の本性は何も変わっていません。

その後、双葉町側にある五号機六号機の南側一キロ先のブイからの汚染水海洋放出計画の説明がありました。参加者の一人から、安全なら放出は一キロ先でなくてもいいのではないかと飛び出す始末でした。

構内視察から戻り、退出検査の前に東電職員はトリチウムの汚染水を透明なガラス瓶に入れていかに安全かを説明。二〇二一年四月麻生副総理の「飲めるんじゃないですか」とのマスコミ報道を記憶していたので、麻生副総理は飲んだことがあるかと質問しました。答えは「ないと思います」でした。一九五九年一二月チッソの吉岡社長は水質浄化装置を通した水を「こんなにきれいです」と言って飲み干しましたが、後にこの水は水道水であったことが分かりました。この問題と本質は似ています。薄めても放射能の総量は同じなのです。

●中間貯蔵工事情報センター（二〇二五年三月一五日から大熊町産業交流施設一階に移転予定）

次の日、宿泊先から大熊町にある中間貯蔵工事情報センターに行き、午前中、ジェスコ職員からビデオを見て説明を受けた後、同センターの二台のバスに分かれて大熊町側の中間貯蔵施設内を視察しました。

旧特養ホームのサンライトおおくま展望台で、ジェスコ職員は次のような説明をしていました。

かつては水田があって民家もたくさんあったという場所ですが、ご覧の通り当時の面影がまったくありません。ここは古いところでは江戸時代から代々伝わってきた土地もたくさんあったと聞いています。最初はなかなかそういった土地を提供いただくのに非常に反対をされたという言うふうに聞いていますが、こちらにいた方がたも福島県内会津若松市とかいわき市に避難されていたそうです。皆さん避難先で本当に親切にして頂いたと聞いています。ただそこの（避難）場所にはたくさんの仮置き場があってそこにはたくさんの土壌などが入ったフレコンバックが山積みになって、自分たちが土地を提供しないと福島の復興が進まないということ。それであれば（土地を中間貯蔵施設に提供することを）ご先祖さまも許してくれるだろう、というようなことで土地を提供いただいた、というふうに聞いています。向こうにお墓があります。こちらも提供いただきお墓も後々移転をされると聞いています。

これは非常に当たり障りのない説明です。大事な地権者による「協力」としての用地提供の課題と問題点については何一つ触れていません。

福一（フクイチ）原発の温排水を利用しヒラメの稚魚の養殖などをしていました。中間貯蔵施設エリア内では唯一、まとまった県有地です。残念ながらここで下車はできませんでしたが、この屋根の高さ一五メート

大熊③工区土壌貯蔵施設での視察

ルのところまで津波が来ています。またこちら側から見ると屋根が何とか残っているような状態でしたが、実際、反対の海側から見ると屋根が半分くらいはぎ取られている状況であるとの説明でした。

そして「地震当日は何名かの方がここで亡くなられていると聞いています」と、この不幸を私も承知していました。津波の被害も本当に大きものでした。ジェスコ職員の説明が続く、「このバスが止まったあたりでは三・五μSv／hくらい。おそらく東電の方に近づいていく、林のなかは基本的に除染はしていないので、今この右側の道路あたりはおそらく一〇μSv／hくらい測定されていると思います」。

●大熊は放射能の中

バスは大熊町の東工業団地跡を横目に通り過ぎて大熊③工区土壌貯蔵施設で止まり、ジェスコ職員の説明です。

縦に長い楕円形の土地で、だいたい約一〇〇万㎥の土（東京ドームより一回り小さい）が入れ込まれている。皆さんが立っている場所が、完成した土壌施設になる。この下には放射能濃度が八〇〇〇Bq／Kg以下の除去土壌が高さ一五メートルまで積み込まれている。こちらはいったん五メートルで工事がストップする。それは先ほどから説明しているこれから新たに入ってくるであろう除去土壌のために、余力を持たせている。ですので、ここにはあと一〇メートル分の高さまで貯蔵ができることになる。最終的には皆さんが立っているところまで。ここは谷地形を使って平らなところは一五メートルだが、五メートル掘ってそこから一五メートル貯蔵しているので、実際に高さは一〇メートルだが、今皆さんが立っているところは一五メートルちょうど、プラス五〇センチ六〇センチの所にいるということです。

何人かの参加者から質問がありました。ジェスコ職員は「私も専門的なところはちょっと」と言って、質問に対して回答を避けるかのような説明でした。

ここでも環境省はそうですが、除去土壌等を搬入する話はしますが、搬出する話は避けます。環境省にとって都合の悪いことは出さない姿勢が鮮明です。

同様に、例えば中間貯蔵工事情報センターの近くにある大熊町向畑保管場での「道路盛り土実証事業」の視察をしたかったのですが、工事中の理由でできませんでした。あわせて新宿御苑や所沢市で環境省が計画している中間貯蔵施設の汚染土再利用実証事業のため搬出・搬入する計画も地元で大反対を受けています。環境省はこれらについても見学者にきちんと説明するべきです。情報の出し方という点では、用地補償についても同じことがいえます。今、国道六号から約一〇m～二〇mのところに植樹をしています。やがてその木が育ち伸びて、いまは国道六号から見えている中間貯蔵施設の様子は見ることができないようになります。

●国は中間貯蔵施設の土地を買い占めたいリンクル大熊での講演会

講演会で私が特に伝えたかったことは原発事故後一三年目に入り環境省の姿勢も東電の姿勢も事故は過去のものとして忘れさせようとしていることです。そして原発再稼働に大きく舵を切りなおしたという点です。あわせて、環境省の地権者に対する対応も東京電力の地上権契約者に対する対応もその姿勢は鏡で映したように似ています。それは当初は「中間貯蔵施設は福島の復興のために必要不可欠」と説明されていました。「だから地権者の皆さまにはぜひ協力をお願いしたい」との姿勢でした。現在は環境省、東電ともにこのことを忘れたような対応です。

ルールを無視した地上権価格と、実際は三〇年間の仮置き場である中間貯蔵施設について重要な点は次の様な点です。

まず環境省による中間貯蔵施設の土地使用補償です。公共事業のルール、強制力のある土地収用法でも任意交渉の公共事業の取得に伴う損失補償基準要綱（以下要綱と記す）でも条文上は地代と明記されています。これは三年以内の短期土地使用の仮置き場でも帰還困難区域内の一〇年を超えた中期土地使用の仮置き場でも最長三〇年としている仮置き場「中間貯蔵施設」でも同じです。

環境省は当初二一年近く要綱の土地使用は短期のみ対象と主張していました。ところが私たちの

30年地権者会との交渉で長期使用も対象と書面で訂正しました。よって三〇年間の仮置き場である中間貯蔵施設も三年から一〇年間の仮置き場と同じく契約は土地賃貸借契約となります。その補償は地代で行うべきです。

その後、環境省は土地価格を地代累計額は超えられないから地上権価格にしたと後付けでの理由を主張を始めました。しかし、民間事業でも公共事業でも土地使用価格と土地価格は比べるものでないとされています。

また一定期間の土地の使用では地代累計は土地価格を超えているし、前記要綱上も超えることを認めている。「一〇〇円土地価格×六%（基準細則一〇）×二〇年長期＝地代累計額一二〇円＞一〇〇円土地価格」環境省は中間貯蔵施設は特殊だからそれができると主張しています。つまり論理破綻を超えて滅茶苦茶なのです。

この国・環境省が勝手に決めた地上権価格の結果、一三年目に入り仮置き場などとの不公平な補償が著しく顕著になってきました。

それではなぜ、国・環境省はこのルール無視の地上権・地上権価格を強行したか。それは当初の計画であった全面国有地化の方針を捨てていないからです。そしてこの事業が最長三〇年間では終わらないことも想定しています。なので、二〇四五年三月一二日までの事業であるが、これに対する国の抜け道、逃げ道が必要なのです。この地上権価格と三〇年以内の事業終了について国・環境省は深い関係付けを設けています。

●東電の営農賠償の約束違反

まず東電の約束違反です。東電は二〇一一年から二〇一六年の一括営農賠償後、二〇一六年一二月に二〇一七年から二〇一九年までを二〇一六年の三倍相当額賠償として一括賠償を約束。しかし、実際はこの間に中間貯蔵施設のため地上権契約した農業生産者への賠償を対象外としている事実を確認しました。これは明らかに東電の約束違反です。これについて二〇二二年一〇月から東電に証票資料を示しているがいまだに回答はありません（六月二五日現在）。

つぎに営農賠償の対象外とした東電の説明ですが、これも論理崩壊です。一例をあげれば、仮置き場は地域等の要請を受けたので余儀なき仕儀に該当するので、賠償対象です。しかし、国や県内からの福島の復興のためにと要請を受けた中間貯蔵施設の地上権については余儀なき仕儀に該当しないので賠償対象外です。

東電との交渉で東電から仮置き場は短期を想定だからと追加回答があったが、帰還困難区域の仮置き場を短期とはだれも想定していませんでした。また、中間貯蔵施設の地上権は長期だから対象外と東電が判断したとのことですが、農業をやるかどうかは農業生産者が判断するもので、東電が勝手に判断するものではありません。

東電には二〇二二年八月の交渉の場で熊本一規明治学院大学名誉教授から東電に質問書を手渡した。しかし二〇二三年に入り、代理人でない熊本氏には回答書を出さないという連絡を受け、同年四月一七日付で30年地権者会長門馬好春の名前で同じ内容の質問書を再提出しました。東電あ上記の通り約束違反・論理崩壊・逃げの姿勢です。ちなみに福島県農協中央会に確認したところ、地上権について東電と協議はしていないとのことです。つまり東電だけの勝手な判断なのです。

今も原発事故は続いている〜事実を伝え続けること

●事実をつないでいく

二〇二三年七月、福一（フクイチ）原発事故から一二年五カ月を経過、「全貌の入り口」を「伝えてつないでいく」ことの大切さを改めて感じています。この間の多くの問題は複雑化、肥大化しています。それは被災者が蚊帳の外の復興政策をはじめ、全域でなく限定除染による被ばくリスク、除染した汚染土などの全国への拡散計画、汚染水放出計画、東電株主訴訟や甲状腺がん、賠償などの裁判などなどです。

私はこれら多くの問題の一つである中間貯蔵施設事業という原発事故に起因した公共事業について憲法、土地収用法、損失補償基準要綱などのルールに則るべき、と主張してきました。国の間違った地上権価格の結果、同じ環境省の事業、仮置き場などの補償額と比較し、不公平である事実を説明してきました。

また東電に対しては地上権者に対する営農賠償について、まずは「約束を守れ」です。そして逸失利益からも営農賠償すべきと主張しています。この約束は汚染水の放出でも同じです。今後はこの「事実を伝えてつないでいく」ことを加えていきます。

●アルプス処理水と称する汚染水放出

二〇二三年七月六日には会津若松市で市民団体の主催で汚染水放出の説明会が開催され、経産省・東電が説明後、多くの反対意見が出されました。一七日には郡山市でやはり市民団体が主催で説明会が開催され同じく多くの反対意見が出されました。これに対し国・東電の説明は論理的ではありませんでした。

私の方は七月一一日第一回「福島円卓会議」にズーム参加、翌日、林薫平事務局長に感想・意見書を送付しました。この問題は中間貯蔵施設の汚染土を再利用実証で新宿御苑や所沢市への搬入計画と同じように「理解醸成」という名の国による押し付けです。当然、出席した方々から反対意見が続出しました。これは国に対する信頼と信用の崩壊。国も東電も約束は守らなければなりません。参加者の発言「この汚染水の被害を受けるのは子どもたち。子どもたちの健康、将来を考えるなら、約束を守るべき」私もその通りだと思います。

●薄れていく関心～第九九回東電株主総会

二〇二三年六月二八日東電株主総会にはじめて出席。昨年は出席者九〇〇人台が今年は四五〇人とのこと。マスコミの数も少なく福一（フクイチ）原発事故への関心が低下していました。私は汚染水放出と営農賠償の約束を守れと発言したかったのですが、残念ながら指名されませんでした。以下、私が質問しようとした内容です。

二つ質問いたします。

約束を守ることは、コンプライアンスを守ることと同じで大切なことです。嘘つきでは、人も企業も信頼されません。ですので、約束を守ることで社会からの信頼を得る。それは経営上とても重要なことです。ここまでは経営層も反論はないと思います。

それを踏まえ、一つ目の質問に入ります。アルプス処理水の放出について、関係者の理解を得られない場合、放出をしないと約束しています。先ほども経営者側から、この約束を守ることを断言した説明がありました。これはつまり、福島漁連会長などが、「反対を継続している限り放出をしない」ということでよいですね。

二つ目の質問ですが、これも約束違反の事実があるので、約束を守ってください。福一（フクイチ）原発を取り囲む中間貯蔵施設は「一六〇〇ha」です。これに土地を貸す、つまり地上権契約で協力した農業生産者に対し、二〇一七年から二〇一九年までの三年間分は、二〇一六年の年間逸失利益の三倍相当額（＝三年間分）として営農賠償をすると約束しています。

しかし、現実には、二〇一八年に地上権を契約した方に対し二〇一九年分の営農賠償を対象外にして支払っていません。これは明らかに約束違反です。ですので、約束は守ってください。

埼玉に避難した方の声

中間貯蔵施設の地権者への補償・賠償の不誠実さはほとんどおもてに出ていません。このことをもっともっと知らせなくてはとおもいます。昨年一二月環境省が所沢市に除染土実証事業の計画を示し住民説明会を行いました。この当該市民になって初めて分かった事実であります。

中間貯蔵施設の汚染土を新宿御苑や所沢市などに搬入し実証事業を計画していますが、いずれも地域住民の方々からの強い反対を受けています。ここでも汚染水説明会と同じように国・環境省の進め方は姑息であり論理的な説明が出来ていない。また情報も限定的で開かれた情報公開にはなっていない。

今、言えることは被災者に対する国・環境省・東電の不誠実さです。

●伝える、伝えたい

二〇二二年四月から古滝屋の原子力災害考証館 furusato でパネル展示を始めました。二〇二三年一月からは、フォトジャーナリストの豊田直巳さん撮影の中間貯蔵施設などの写真を追加で展示しています。二〇二四年一二月にレイアウトを変更して、今後も続きます。

来館した皆さんの感想を紹介します。

○それについて中間貯蔵施設の写真などがあればより分かり易い（当初の声）
○中間貯蔵施設がこんな大きな問題であることを初めて知った
○環境省との交渉の実態を初めて知った
○内容が深くて限られた時間で理解するのはむつかしい
○中間貯蔵施設用地の土地価格の算定が分かりにくかった
○展示を見てこの様な場所があるのを初めて知った

○会長、古滝屋さん、豊田さんの熱意に感謝すると共にいつ迄でも残るだろう「こころのもやもや」が激しくなった

○復興だけが優先してマスコミに取り上げられているが、このような（展示という）方法で現状の課題は何かということを広める必要がある

○ここにきて原発事故からの経過が分かるので、伝えてください。大熊町の中間貯蔵工事情報センターでの環境省が伝えたいことの情報提供でなく、被災者・地権者目線での情報の展示は今後も重要である。以前ふるさとの同級生から「なんで反対しているんだ」と言われ、経過を説明した処「知らなかった。頑張れ」と激励を受けた。正しい情報とそれを伝えることは大切。

●大学生が「福島を見つめて」を発行

二〇二二年六月横浜国大で学生の皆さんにお話をしました。その後、七月大熊町役場の協力のもと中間貯蔵施設の視察後、リンクル大熊で30年地権者会顧問・門馬幸治さんも加わり意見交換会を行いました。その後、学生さんたちは近隣地域・住民の皆さまへの取材をあわせ一一月に「福島を見つめて」を発行しました。（二〇二二年度横浜国立大学ジャーナリズムゼミ・スタジオ。都市科学部・都市イノベーション研究院高橋弘司教授）小さな取り組みから現場を伝えることの大切さを感じられる内容でした。その後、学生さんたちから寄せ書きを送って頂きました。この寄せ書きの一つ一つからも

「情報」「体験」「伝えてつないでいく」ことの大切さを感じています。

一．この度は貴重なお話を頂きありがとうございました。原発を初めて目にした時の衝撃は鮮明に覚えています。また門馬さんの所々の解説からも、福島の今の一端を知ることができました。この学びを今後も活かしていきたいと思います。

二．貴重なお話、ありがとうございました！　お話を伺ったことが“大分前にすら感じます”。中間貯蔵施設に反対でないとのご意見を聞き、驚きました。今後も様々な困難があると思いますが、お疲れの出ないようお過ごしください。

三．お話しくださり、ありがとうございました。中間貯蔵施設が門馬さんや息子さんに与えた影響の大きさを思い知らされました。葛藤している姿を間近で見て、ずっと伝え続けていきたいと思いました。

四．門馬さんが中間貯蔵施設によって奪われた土地に苦悩しているお話は、私たちにとても他人事でなく、考えなければならないことだととても強く感じました。取材を受けてくださり、ありがとうございました。

五．大熊町を訪れ、門馬さんたちの話を聞き、今なお直面し続けている問題について、新たな気づきや大きな学びを得ました。ありがとうございました。

六．大熊町や中間貯蔵施設、地上権契約のことなど沢山学ばせて頂きました。大学にも来て頂いて本当にありがとうございます！　これからも福島について考え続けていきたいと思います。

七．急にメッセージを送ったにも関らず、優しく対応してくださり、ありがとうございました。中間貯蔵施設や地上権のお話など様々なことを教えてくださったおかげで、とても理解が深まりました。寒い日が続きますがお身体に気をつけてお過ごしください。

八．大学にきていただいただけでなく、大熊でも私たちのために丁寧に説明をしていただいたとき、私たちがわかるように伝えていただきました。ありがとうございました。

九．好春さんが、新潟での地震あたりから原発に対して不信感があったとお話しているのが、昔を思い出して表情を含め、辛い思いを共有しました。これからもお体にお気をつけてください。

一〇．地権者会としては、中間貯蔵施設に賛成だとお話していたことが印象に残っています。とはいえ、先祖伝来の土地を手放さなければならないつらさもひしひしと感じました。

一一．地権者会の会長として、難しい立場でありながら、福島の復興のため、活動を続ける姿が素敵でした。ありがとうございました。

一二．地権者と国や県との難しい問題についてこの活動を通して学ぶことができたのは、とても良い経験だったと思います。ありがとうございました。

一三．複雑で難しい地権者の問題を、私たち学生にもわかるように説明してくださり、ありがとうございました。震災当時のこと、これからのことを考える良い機会になりました！

一四．地上権に関する話は難しいものでした。それでも、私たちに詳細まで説明してくださり、感謝しています。広く活動してらっしゃる姿に、私でも考えていく必要があると気づかされました。

一五．先日は貴重なお話を聞かせて頂きありがとうございました。「地上権」について何も知識がない私でしたが、厳しい現実を聞くうち、他人事とは思えませんでした。福島の地で奮闘される方の思いが少しでも伝わればと思い記事を書きました。

一六．たくさんのお話をきかせていただきありがとうございました。原発に近い町に住んだということがどのようなことなのか、その思いが伝わってきました

一七．門馬好春さん この前はお世話になりました。貴重なお話ありがとうございました。色々と聞いてとても勉強になりました。門馬さんの話を自分の原稿に書けてうれしいです。くれぐれもお元気でいてください。

一八．大学でのお話、大熊町での取材だけでなく、追加取材にも応じていただきありがとうございました。門馬さんの地権者としての思いが強く心に残り、記事に書かせて頂きました。僕の記事が、少しでも門馬さんのお力になればうれしいです。

学生たちが大変お世話になりました。
指導教員 高橋（弘司）都市科学部教授
二〇二二年度横浜国立大学ジャーナリズムゼミ・スタジオ一同

●大学生の皆さん、これからもつながっていきましょう

福島の現場を知るという体験から一年、廃炉と復興の現状も汚染水放出計画など未解決のままです。大学生活も最後だと思いますが、参加者のみなさんにはいつまでも福島を忘れないでほしいと思っています。

「福島は私個人にとっても原点なので、その思いである」。私にとって、忘れがたい一言です。

大学は夏休みだと思います。

一人の学生さんの話。「夏休みではあるが、部活などが忙しく、卒論もあり、イメージは福島の大熊町とも重なる実家に帰省もしたりいろいろあります」とのこと。彼らが昨年一一月に発行した冊子「福島を見つめて」は被災者、地権者の声を伝えているよい内容です。

「でも申し訳ないのですが、冊子は昨年で終わりの予定です」。それは残念。学生さんたちに福島を見つめて「伝えること」を継続してほしかった。「そうですね、（残念ですが）こういう形ではないと思いますが、その代わり、高橋弘司先生から指導頂いた先輩方もそうだが、私を含めマスコミ業界に行く人が何人かいる。だから、その意志を継いでいくというと格好いいですが、関りを続けていけたらと思います。実は福島にわざわざ赴任して原発報道を続けている先輩もいます」。

これまでの私らの積み重ねが無駄になっていないと思うとうれしいかぎりです。

マスコミで働く以上、福島勤務の新聞記者も二年から三年で異動になる方が多い。私としては福島を忘れないでという気持ちでいまもお付き合いをしています。

●拡散する放射性物質〜自分ごとにするために

学生さんとの話を続けます。

新宿御苑などでの汚染土実証事業計画と汚染水放出計画についてはどう考えたらいいでしょうか。「去年福島に行って漁師さんなどの話を聞きました。やるせなさを感じました。ある意味、強引に進んでしまっていると思います」国も東電も「関係者の理解を得ずしていかなる処分（放出）も行わない」と約束しているのだから強引と言うしかない。検証も科学的であるべきです。例えば賛成の専門家と反対の専門家で公開討論なども行うべきです。なぜならまず未来の子どもたちの命を守ることが大事だからです。

話は変わるが、一号機格納容器の基礎コンクリートが溶け鉄筋がむき出しになっています。汚染が拡大して、深刻化するリスクは高いと考えています。「報道で見た気はしますが、詳しくは分かりません」。国や東電に対して国民からの信用があると思いますか。

「正直ないと思います。信用ができない。原発もそうですが、すべてが信用できない。特に去年からの電気料金の値上げのところ。福島の原発も電気料金につながってくるところだと思います。その辺も本当に原発を再稼働させないと、電気料金が下がらないなどその辺がうそくさいと見えてしまいます」。

その辺は東電・政府が作り上げた廃炉のために海洋汚染水放出が必要であるとする論理と同じです。

「そうですよね。汚染水タンクがあるから工事が進められないとか。国の説明はもっともらしく見えますが、なんとなくウソ臭く、信用ができません」

同じように東電の五次追加賠償対応もひどいものです。裁判でも加害者である東電が、被災者を攻撃しています。このように東電も信用が出来ません。一方、国による復興の進め方は地元は蚊帳の外です。浪江町、双葉町、大熊町について承知はしていますが、その他の復興について細かいところは見えてきません。つまり被災者に帰れとは言うが家の周りの除染はしない。

一号機格納容器基礎崩壊の話は知らない人が多い。つまり当事者でないと興味がないからだ。

「そのとおりですね。そこが課題で難しいと思います。興味がない人たちにどうすれば興味を持たせることができるのか。中間貯蔵施設になると更に興味がなくなってくるはずです」

まさに廃炉のために、汚染水放出が必要である論理と同じです。「確かに汚染水タンクがあるから工事が進められないとか。国の説明はもっともらしく見えますが、なんとなくウソ臭いですね。信用ができません」そこをどうやって事実を伝えてつないでいくことができるのか、力不足の私には難しい課題だ。だから汚染土が街にやってくるとなると火の粉が自分のところに降ってきたわけだから、自分事として火の粉を払うのだが。ここ数年の大雨などの自然災害が大きくなってきている。汚染土を道路に再利用したあと災害で道路が崩落し汚染土が出てくるリスクが高くないます。この為にはみなさんに興味をもって知って頂く事が大事だと思います。

●原子力災害考証館でのパネル・写真展示もその一つ

アンケートを読んでいると「こんな問題があると初めて知った」などの記入があると展示会その意義を感じる。伝える大切さも感じます。

30年地権者会のホームページの充実化も図っている。「伝える媒体」として私はフェイスブックを活用しているが、若い人はそれをやらないという話も聞いたがどうですか。

「フェイスブックを見ている大学生はあまりいません。やはりツイッター、あとはSNSの大きな括りだとインスタグラムを見てる人は多いのかと思います。ただ周りはツイッターを使っていると得る情報というのは、すごく限定的だと思います。自分の趣味など好きなことだけを収集する目的での使用のようです。広く情報を見ている人もいますが・・・」なるほど、フェイスブックで知識を広め情報共有はできるが、「広く事実を伝えてつないでいくこと」はできていないのか。どうやって中間貯蔵施設の課題や問題点に興味を持ってもらうのか、大きな課題だと思います。

「結構難しいです。強制的に福島を伝える方法としては修学旅行。広島、長崎、沖縄などは修学旅行の対象になっていると思います。状況を知るという意味では修学旅行は子どもたちに有効なのかと思います」なるほど。

「ただその行先は学校が決めるので、なかなかこちらからアクションを起こすのは難しいですね。思いつくのはこんなところです。ＳＮＳなどで限定的な情報を取るような今であると、そういうのも必要ですね」

みんなで中間貯蔵施設の見学はできる。小中学生や高校生が行ければいい。大学生だとサークルツアーですか。

「そうだと思います」

福島長期復興政策研究会も福島ツアーを企画して福一（フクイチ）原発の視察と中間貯蔵施設の視察を取り組みました。

問題は福一の視察は東電の案内限定で、中間貯蔵情報工事センターのジェスコ職員の案内では表面の説明しかしません。すこし、突っ込んだ質問をすると、自分たちに不都合な話になるので逃げる様な回答がかえってきます。

昨年の皆さんの現地視察は大熊町役場の案内だったのでよかったです。測定器を持参し自分たちで実際に測定した経験はよかったと思います。

「これも身近なところの話ですが、他の大学の友人に福島だけでなく、東日本大震災の被災地にゼミ合宿で行く人がいます」「私たちは、どこへ行くかは自分たちで決め、企画したので【中間貯蔵施設に行ってみたら】と提案してみました。やはりネックになるのは大学生は自分たちで手続きをするとなると、他の災害伝承館と比べても震災以降はやはりハードルがけっこう高いです。一言でいうと面倒くさい、といわれました。それを聞いていて、そういったハードルがけっこう下がってくると、ゼミ合宿などでも結構いけるのかなあ、と思いました」

ならば町役場が中間貯蔵施設の視察に対して積極的に事務手続きやバスを出すなどフォローしますとなれば、ハードルが下がりますか。

「そうですね。そうなればアクセスしやすくなると思います。私たちが福島に行くときには、高橋先生にお任せしていた部分が多いので、実際どれくらいの手続きがあるのかは正直分かりません。先生も一般的なところと比較すると手続きが面倒であると言っていました」

確かに学生さん達だけでは不慣れな手続きは面倒であり時間もかかります。

「でもその面倒くささが福島の現状を表している面もありますよね。だから、手続きなどのハードルを無理に下げてしまうのとは意味合いが違うと感じます。役場のサポートは充実してきてほしいですね」

たしかに面倒な手続きがあること知ったうえでサポートの充実化を図ってもらうのは大事です。

話を聞き当たり前だと思っていたことが、そうでないということもよく分かりました。

「私らも福島をメインでやっていてまた高橋先生のおかげでそれまでの心理的ハードルを感じませんでした。しかし宮城県とか岩手県を割と福島と同列で見ている人とがいますね。三・一一の被災地という括りでは福島は語れないと思います。わたしは岩手、宮城と福島を比べるとやはり違うと感じます。私も福島以外の話を聞いてそう感じました」。

放射能の問題があるところとないところでは一三年目をむかえて時間の経過で大きな違いが出ています。確かに津波の悲惨さも大変であることを承知はしています。最初の悲惨さは同じだが、時間の経過で変わってきています。

「その辺が大きいと感じます」

横浜国大の学生さんやほかの学生の方も興味を持っていることはうれしい。

「三・一一前後になるとその報道が盛んになりますが、やはり福島もほかの宮城、岩手の被災地も一緒に映るので、それもある意味そういう意識をつくっているとまでは言えませんがが、テレビだけを見ている人は被災地という括り、同列に見るのはある意味、自然なのかと思います」

そうすると報道の仕方にも問題がある?。

「またそこで区別するのもどうかと思います」

たしかに三月一一日前後に集中する報道はから福島と宮城・岩手を区別するのは難しい。

集中した報道がそのままイメージとして残るということ。

「繰り返しのCMと似ていますよね」

今回、若い学生さんの話を伺って今後の取り組みに生かしていきたいと思いました。どうすれば、よいかとか、いろいろと今後の参考になるお話を聞けてよかった。今後も福島に関心を持っていただきたいと考えています。

「こちらこそありがとうございました。今後ともよろしくお願いします」

話を伺い「事実を伝えてつないでいくこと」の大切さを改めて感じました。

大熊町役場駐車場から見た復興住宅と太平洋（2024.10）

大熊町：国道６号から見た中間貯蔵施設と福一原発（2024.10）

双葉町
母校福島県立双葉高等学校の入り口（2024.10）

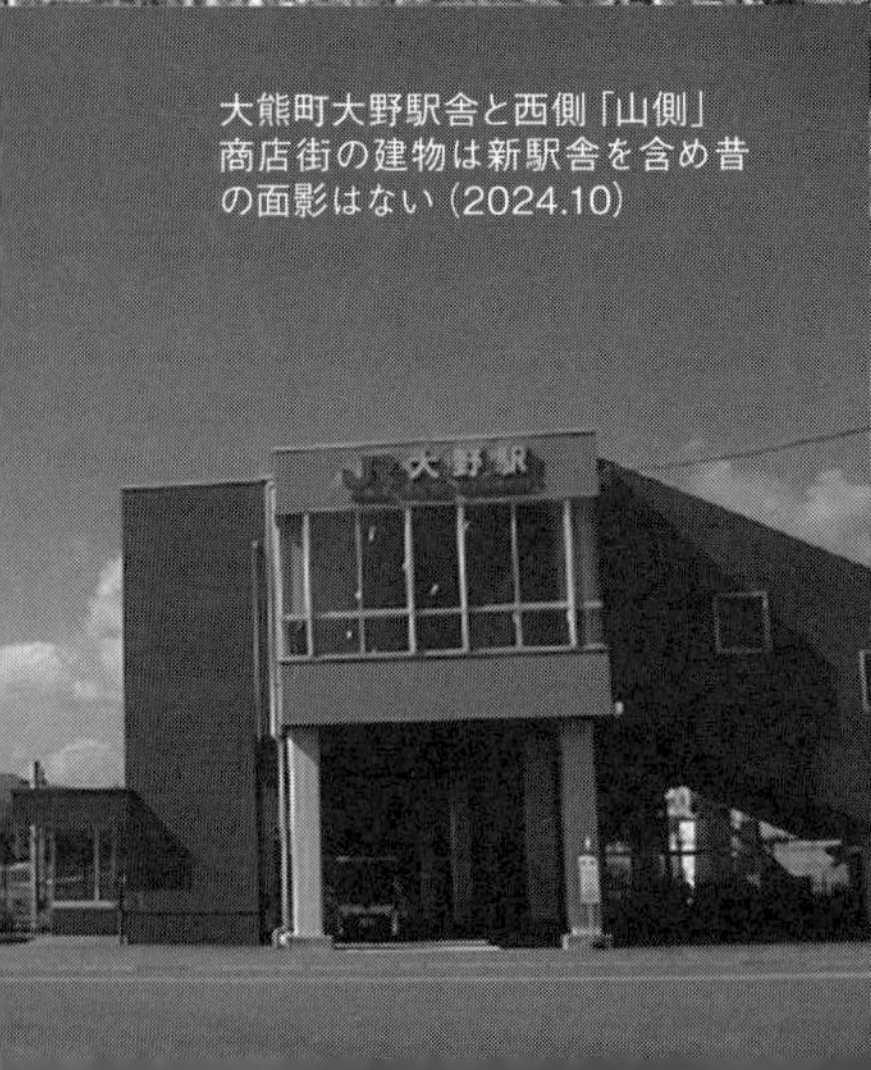

大熊町大野駅舎と西側「山側」商店街の建物は新駅舎を含め昔の面影はない（2024.10）

富岡駅から見た東側の津波後の跡
今はフレコンバックは見えない
（2024.10）

大熊町中間貯蔵施設長者原出入り口バリケードを前
（2024.10）

双葉町：東日本大震災・原子力伝承館東側の津波の跡。
（2024.11）

浪江町：請戸小学校は津波の遺構として見学可能。津波による被害者はゼロだった。（2024.10）

大熊町・双葉町民の終わらない苦悩

四方　哲

初出：本の出典　ロシナンテ社の「月刊むすぶ」二〇二二年六月から八月（六一七号～六一九号）で掲載

被災地の今　①

●原発事故は終わっていません

東日本大震災、福島第一原発事故から一一年三ヶ月という時間が経過しました。今もなお、事故を起こした原発周辺には帰還困難区域が広がっています。その面積は名古屋市より少し広い三三七平方km。人口は二一一八二人（二〇二二年三月三一日現在）。原発は双葉、大熊両町を跨ぐように建っています。双葉町は今も全町避難です。環境省はこれらの地域に特定再生復興拠点を設定して順次、避難指示を解除する予定です。二〇二二年六月には双葉町、大熊町、葛尾村がその対象になっています。さらに来春には残る浪江町、富岡町、飯舘村でも解除が予定されています。

今、原発事故での被災者は大きく分けると次の三通りに区分されます。帰還困難区域の住民、そして避難指示が解除されたがそのまま避難先で暮らしている住民、さらに放射能の影響を考えて自主的に避難している皆さん。これに中間貯蔵施設に自宅や農地などを持つ、又は持っていた住民。原発被災者は、それぞれ複雑な状況に置かれ、その困難さは違っています。

原発の周囲に作られた中間貯蔵施設。ここにも当然ですが、人々の営みがありました。住宅、田んぼや畑の農地が広がっていました。住民は帰るべき故郷を失っています。そして土地を売るか、地上権を設定して土地使用契約を結ぶかという選択を求められています。中間貯蔵施設の稼働は二〇四五年三月までです。環境省は原状回復つまりきれいにして返還すると福島県に約束しています。

●戻るということ

今、環境省は帰還困難区域に特定復興再生拠点を設け、除染を進めています。その拠点はインフラに重要な場所などが中心です。例えば大熊町にあるJR大野駅。その周辺が再生拠点に指定されています。今、除染作業が急ピッチに進められています。その周辺はバリケードが張り巡らされ、立ち入りができないようになっています。そこに立つと誰のための復興なのか、複雑な気持ちになります。

放射能の汚染は原発から同心円状に広がるものではありません。放射性物質が大気へ排出されたときの天候、風向きなどの環境に左右されます。ちょっとした風の流れで汚染に違いが出てくるのです。モザイク模様のように大地は汚染されています。ということは帰還困難区域にも比較的、空間線量が低いところもあるわけです。放射能汚染は簡単に線を引くことはできないのです。線ひとつで住民への賠償に大きな差がついてしまいます。

ここで簡単に帰還困難区域についておさらいをします。二〇一一年三月一一日の東日本大震災で東京電力福島第一原発事故によって、大量に放射性物質が飛散しました。そのうち一年間の積算放射線量が五〇ミリシーベルトを超える地域は今も政府によって立ち入りを制限されています。それが帰還困難区域です。富岡町、大熊町、双葉町、浪江町、葛尾村、飯舘村、南相馬市の一部に拡がっています。帰還困難区域が町の大半を占めているのが双葉、大熊、そして浪江町です。浪江町の市街地はおおむね避難解除され、内陸の津島地区が今も立ち入りを制限されています。さらに双葉、大熊町には中間貯蔵施設が稼働しています。これら三町の復興はより複雑なものになっています。

帰還困難区域と復興拠点の現況、特定復興再生拠点：環境省

原発事故によって環境中に飛び散った放射性物質の多く

はヨウ素とセシウムだとされています。このうちヨウ素は半減期が約八日、そしてセシウム一三四の半減期は約二年。これらの影響はほとんどなくなったと言えます。半減期が約三〇年のセシウム一三七は、自然の循環にしっかりと組み込まれてしまいました。これを除去するのは到底不可能です。元の状態になるには三〇〇年という時間を必要とします。今から三〇〇年前といえば江戸時代中期。そんな想像もできない不条理が存在するのです。町に戻り、住み慣れた家で暮らしたいという思いは多くの住民に共通のものです。そんな当たり前のことができない。これが原発事故の現実です。そして事故を起こした東電、原発を国策として進めた政府には、元に戻す責任があるのです。

●大熊町の場合

避難指示が解除され、どれだけの住民が戻ってくるのでしょうか。原発の建つ大熊町は二〇一九年四月一〇日に中屋敷、大川原地区で先行して避難指示が解除されました。そのうち大川原地区には町役場、復興公営住宅や再生賃貸住宅、商業施設、宿泊施設などが立ち並んでいます。今、ここでくらしている住民は、復興公営住宅に九一世帯一二八人、再生賃貸住宅に四〇世帯五〇人となっています。(二〇二二年四月一日現在)。ほとんどが六五歳以上の高齢者です。戻るにしろ戻らないにしろ、住民票を町においておけば住民です。その人たちによって自治体は存在し、行政は機能します。

大熊町はもともと農業が盛んでした。コメや梨づくりに熱心に取り組む農家が何軒もありました。

二〇一九年四月、大川原の避難指示解除と同時に町が出資したネクサスファームおおくまが巨大なビニールハウスでコンピューターを駆使してイチゴ栽培を始めます。温度管理が大変だと聞きました。三〇名ほどの人が交代で働いています。わずかですが雇用を生み出しています。ここで働く方々も中々、住むところを確保するのが大変、広野町に家を借りて通っています。イチゴはようやく売れてきました。それでもまだまだ大変な状況です。インフラの整備も欠かせません。楢葉町に水道企業団があり、綿密に放射線量を測定しています。ただ帰らない人が多いので、経営は大変です。

復興はまず除染です。放射線量の低減が必須です。当たり前ですが、皆さん、放射線量の高いところには、住もうとは思いません。

大熊町役場は、二〇一九年に避難指示が解除された大川原地区に新庁舎を建設し、業務を続けています。高齢者の多い帰還者にとって、病院が大きな問題です。一週間に一回、診療所を開いています。最近、福島県立医大から南相馬市原ノ町にある市民病院を経由して、医師が派遣されました。

大熊町の場合、復興住宅へは大熊町の住民が入居しています。間取りは結構広くて住みやすい。でも老人の方しかいません。昼下がり、住宅が建ち並ぶ街区を歩くとお年寄りが何人か集まって過ごしているのを見かけます。外へ出るのが難しい方が多いとも聞きます。これからその方々のケアが課題になると町では考えています。今、大川原に戻って暮らしている方の話です。

――最近、大川原会というのが出来ました。それは東電の方、住民票はないけど大熊で働いている人、そういう人たちは賃貸住宅へ入居しています。その人たちが大川原会を作って、一カ月に一回、集まりを持っています。若い会長さんは、大熊を全く知らない方です。イチゴハウスで働いています。元からの住民は「あの人たち、大熊のことはしらねないべ」とか、言いますが、そのうちお互いが分かって来て、手をとりあえるようになると思います。いろんな関係が生まれるはずです。大川原会は、だれが参加してもいいですよ。大川原にいらっしゃる方だけではなくて、他からも参加しています。大川原会に入って、いろいろと活動をされています。去年のクリスマス会にみんなで人形劇をやったり、歌を唄ったりしています。お年寄りが多いですから、とにかく皆さんの交流が大切です。

春にイチゴのハウスを見学しました。本当に放射能を含んでいないのか？　大丈夫なのか？　その辺、みんな心配なので、実際にイチゴをつくっているところへ行って、ビニールハウスを見せてもらいました。アリ一匹も入れないような施設です。働く人がまだたりないので、半分しか作っていません。

「私はこの施設に始めは反対した一人です。ここで農作物が作れるのか？売れるのか？　課長に「木幡さんが賛成してくれないと僕たち、困るんです」と言われて、泣き顔になってくるので、これは悪いよな、と思って、頑張りましょう！　と賛成したんです」

二〇二〇年一〇月に開業した宿泊施設「ほっと大熊」が開業しました。そこには、大熊以外の人たちも結構、泊まっています。それと東電の住宅のお風呂は正方形で狭いので、足も延ばすことができない。東電の人たちはみんな此処の大きいお風呂に行きます。隣のリンクル大熊で卓球をやったり、トレーニングジムが人気です。なんでこの人たち、こんなに運動をするの？　原発の仕事は限られた仕事しかできないから、あんなに運動するんですね。原発では、女性の方もたくさん、働いているから、大変だと思います。

今度、解除される地区で焼山《やけやま》。あそこはとんでもなく線量が高いところです。除染は「一ミリシーベルトを超えないようにやって下さい」と環境省に優しくお願いしました。そうしないと誰も帰ってこない。皆さん、帰りたいんだけど除染をちゃんとやらないと帰れません。一時帰宅を希望する方も一杯いらっしゃるんですよ。住民は一時帰宅するたびにゴミを出したり、きれいにするんです。そんな方が私に電話をかけてくるんです。「〇・三って高いでしょ？」ってね。玄関先は、〇・三。家の外に出たら四・五μSvあるんです。「これ、どうやったら線量さがるの？」「ちょっとしばらく線量が下がるまで待っていたほうがいい」って答えるんです。皆さん、齢を取って来て、住み慣れた家に帰りたい、自宅で死にたいと言っています。

●税金という問題

――避難指示が解除されると新たな問題も露わになってきます。解除となると復興が具体的になったと考えがちです。ところが今まで猶予されていた固定資産税の支払いが発生します。もちろん解除されてすぐに徴収が始まるわけではありません。先に解除された楢葉町や広野町の方に聞くと今のところ、固定資産税は安くしている。それでも解除されて一〇年経つと全額支払はなくてはいけない。その土地から利益を得られるならいいけど、それはかなり難しいです。環境省は山林の除染をやらない方針です。ところがセシウムは自然循環にしっかりと組み込まれています。山林で収入を得ることは難しいです。農業も再開がも大変です。それでも税金を払わなくてはいけないと言うのは、冗談じゃない。例えば、営農賠償については、課税されています。環境省が出している補償にも税金がかかっています。一杯、賠償金が入ったと思ったら税金で国に持っていかれる。賠償のお金が入るのは遅いですよ。でも税金の徴収は早いです。

――私たちも含めてみんな、復興特別税を納めています。例えば所得税。二〇一三年四月から二五年間、税額に二・一％上乗せして徴収されています。法人税では二〇一二年度から二年間、住民税は二〇一四年度から一〇年間、徴収されていました。納税者はこのお金の適正な使われ方を監視する義務があるはずです。

一方、原発被災者は事故前の生活を取り戻さなくてはなりません。それを適正に援助するのが復興したんだから、税金を払えと言うのはあまりにも国中心の考え方だと思います。

が政府の責務です。放射能で汚染された土地にどれだけの生産性があるのでしょうか？

確かに放射能汚染は深刻な問題です。一方、賠償金の問題は、正確に伝わっていないと思います。今でも「双葉と大熊は毎年、お金をもらっているんだよね」と思っている人がいます。地元の方が言うには、「賠償金は最初だけだよ。みんなに説明するんです。それも原発反対のひとたちから言われるんです」。「世間に言いたい、私たちはそんなお金はもらっていない。国は七年分の生活の補償をするという形で七年分だけの賠償を一括で被災者に渡したんですね。それはそれで終わっちゃった。あとはそのまま。国は被災者の面倒をちゃんとみなくてはいけない」（ここまで小幡ますみさんの話）

放射性物質からは、放射線が出ます。それが人間を細胞レベルで傷つけます。原発事故では、この放射能とは別にもう一つ、お金の問題があるのです。お金からいろんな課題が放射されるんです。それが私たちのつながりをまるで放射能のように切断するのです。これに対する防御は、原発事故を自分自身に引き寄せて考えるしかないのです。

●お金の分断を乗り越えるために

30年地権者会の門馬好春さんがこんなコメントを寄せて下さいました。東電の賠償金が私たちの

「分断」をもたらしています。私は東電の賠償金の不公正と不公平が「分断」の張本人であると強く感じます。

原発事故前までは地域の方々で山の幸も海の幸も、仲良く分けていたものが、原発事故によるこのお金による分断によって、住まいも家族も地域も、その心、思いまでが分断されてしまいました。被災者が国と東電により、もらえる者ともらえない者に線引きされ、被災者同士が不公平を感じています。

ではこの賠償金の方針は誰が決めたかというと、加害者である国と東京電力側が被災者や地権者の声を反映させずに一方的に作っているところが、問題をより一層深く複雑化させています。ですので、被災者側は納得をしていないのです。結果、多くの裁判が全国で行われていることは皆さまがご承知のとおりです。なぜか、賠償の線引きも金額的にも低額・不公平であり、おおよそ被災者に寄り添ったものではなく、加害者側である国・東京電力側の立場を優先したものであるからにほかなりません。しかし現実は被災者同士、賠償金の格差が「分断」をもたらしている事実は、水俣病などの公害の事例からも見られます。賠償の格差を設けて敢えて被災者同士の分断を図る加害者側のやり方ではないかと感じています。

東電賠償の経緯は原陪審の記録からもある程度は見られますが、その決定過程には不透明な部分もあると感じています。このような中で二〇二二年三月最高裁が判断した内容は大きな意義があると感じています。また賠償以外にも中間貯蔵施設の用地補償もまた大きな問題を抱えています。これは、国側が決めた公共事業の用地補償ルールを国側が守らず、中間貯蔵施設の地権者に犠牲を強いています。このことは国側が東電の賠償金をもらっているから用地補償は少なくていいんだと双葉町と大熊町に話していることが、昨年来、各マスコミなどの報道でされていることからも明らかです。

賠償は賠償、補償は補償と明確に分かれているにも拘わらず、それを国は一つの団子にしてその一つの団子を規格の団子より小さくしてしまいました。そして、その団子を食べれるものと食べれない者に、さらに食べられる数にも格差をつくったことが問題の根っこであると強く感じています。原発は事故を起こしてからも、被災者はこのような不条理にさらされています。将来このような事故は絶対に起きてはいけませんが、万が一起きた場合は、国民一人一人がこのような理不尽を突きつけられてしまいます。つまりこの問題は自分ごとなんです。

原発事故は放射能の被害だけはありません。帰還困難区域とそうでない地区で賠償金に大きな差が出ます。同じ被災者でも差別されています。そして当事者でないわたしたちは、「被災者の人はいいな！ あんなにお金がもらえて…」。原発事故は住民の生活そのものを破壊しました。それを再建する、それは極めて困難なことです。お金だけでは不可能です。それでもお金で何とかするしかない、いずれにしても原発事故前の生活に戻ることはないのです。

被災地の今 ②

●「帰りたい」でも元通り暮らせません

双葉町は、二〇二二年六月現在、今もなお全町避難が続いています。報道によると同年六月一六日に開かれた町議会全員協議会で、帰還困難区域のうち特定復興再生拠点に指定された双葉駅の周辺を避難指示解除へ向けて国や県と協議することを町執行部に認めました。二〇二一年に復興庁などが行った住民への意向調査によると一一・三％の人たちが「戻りたいと考えている」と回答しています。六月一三日からは、特定復興再生拠点に移動販売車による生鮮食品の販売が始まりました。

一方、双葉町の南隣の大熊町。町の面積のうち、六割が今も帰還困難区域です。二〇一九年四月三〇日に先行して避難指示が解除された大川原、中屋敷地区のうち、大川原地区には新庁舎やコンビニ、宿泊施設などが立ち並んでいます。さらに、特定復興再生拠点に指定され、除染が急ピッチで進められていた大野駅周辺の避難指示が二〇二二年六月三〇日に解除されました。この地区では、震災前にあった建物は解体され、新たに産業交流施設や住宅が建設されています。この復興拠点は、震災前大熊町の中心でした。現在、二二二五世帯五八九六人が住民登録しています。二〇二一年一二月から始まった準備宿泊に登録したのは、一八世帯四九人でした。

特定再復興拠点に指定され、避難指示が解除された地区は丁寧に除染され、空間線量は低いです。

しかしその周りは帰還困難区域です。戻って生活するための条件はまだまだ整っていないのが現状です。先ほどの「戻りたいと考えている」と回答した大熊町の人は一三・一％です。

●理不尽がまかり通る被災地

双葉町民の話です。

――避難指示が解除されても住宅の解体除染が進められてしまい、その上、災害公営住宅もできていないから、残っている家は少ないです。だから自宅がある人しか住めない。私の家は中間貯蔵施設の中ですから入れません。こないだ環境省、内閣府と話し合ったんです。帰還困難区域を除染していくのなら、中間貯蔵施設で売らない家もあるから帰還困難区域と同等に考えて、「除染してもらえませんか」とお願いしました。そしたら「それは全く別の話」との返事でした。被災者でもある地権者の身にまったく寄り添っていない冷たい回答でした。

中間貯蔵施設は、原発事故によって福島の復興のために国が始めた事業です。我々が、望んでお願いしたものではありません。この回答は、「国が中心」の考え方です。はっきり言って私の宅地は不当に占拠されている状態です。自分の土地だって勝手に入れない。そんな理不尽な状態になっている。私の家は、おやじの土地だったから契約しました。今も土地を売ることに反対している人もいます。知っている人は、相続問題で環境省と契約したくてもできない人もいます。

帰還困難区域では、帰る意志のある人の土地を内閣府は除染すると言っています。ところが、「中間貯蔵施設は別物だ」と主張しているわけです。これはまったく、おかしいと思います。国・内閣府は帰還困難区域でもある中間貯蔵施設の地権者の土地・建物も当然に除染をするべきです。これからも除染をして下さいと強くお願いしていきます。

門馬好春さん（30年中間貯蔵施設地権者会）の話です。

――中間貯蔵施設の地権者は、契約した人、契約していない人。そして契約した人でも売った人、貸した人、つまり三通りあります。だから国は、白地《しろじ》地区も含めて希望者には全員、全域除染という方針で進めていくのが筋だと思います。中間貯蔵施設の内側だろうが外側だろうが全域除染を進めるべきです。それは当然のことだと私たちは考えています。なぜなら、国の方針で原発を建設・稼働させて、そして国は原発事故後はじめに全域除染を約束したのですから。

ところが、国は今の話のように帰還困難区域は帰還希望者の土地しか除染しないという極めて限定的な方針に変更しつつあります。そういう意味では、「陸の全域除染の約束」と「海側の汚染水は理解を得ない限り放出しないと約束」したこの二つの問題は、同じく重ねたように約束違反になっています。陸も海もです。除染しないと線量は高いですから、帰還したくてもできません。その問題をどう解決するか。もともと帰還を希望する方が先ほどの住民意向調査の数字のように少ないわけです。一方、双葉町も大熊町も従来の町民とは別に新たに移住されてくる方もいます。その両方の方々が力を合わせた形で新しい町を作っていきましょうという方向で考えていかなくてはいけないと思います。その生活の前提として安全・防犯とか、健康のための医療施設とか、働く場所とか、そういったところの整備をきちんとしていただかないと安心して戻れない。戻りたいけど、戻れない。非常に厳しい現実が一方にあります。

大熊町民・木幡ますみさんの話です

――大熊町の場合、中間貯蔵施設の中に公民館があって、公民館の屋根が崩れちゃったんです。福島第一原発の大熊町側の大部分の敷地は特攻隊の練習基地だったんですね。それで戦争が終わったら、土地は住民に返されるのかなと思ったら、塩田になったそうです。それから原発の話が出てきて、また立ち退きをさせられて、二転三転。国に振り回されてきました。

私は一年に二、三度は自宅に戻るようにしています。帰還困難区域は、事前に立ち入りの届けを出さないと入れません。ついでに立ち寄る原発の南側にあるヒラメ養殖場跡を見て、悲しい思いがこみ上げてきます。今も津波で壊されたままです。

●門馬さんと木幡さんの対談

門馬　自分の生まれたところ、育ったところに入るのに許可書がいるのは、どうしてなのでしょうか、福一（フクイチ）原発事故から一一年を経過していても、まだまだ変わりません。しかも防護服を着て、放射線を測る線量計を首からぶら下げて、何で入らなければならないのか。本当に、やるせない気持ちに毎回なります。国に奪われた当たり前の権利である賠償金の支払いは遅いけど課税はすぐです

木幡　私たちは国の権力によって、翻弄されています。最近のウクライナの状況を見てもおばあさんたちが「私たちはずっとここで生きてきたのに何で、追い出され、殺されなくてはいけないんだ」。私たちも同じだと思います。いつまでたってもこの状況が続くのだと思います。

国などは帰還困難区域が一部解除されると、復興しました、と言うけれども、そうすると今度は、税金、固定資産税がどんどんかけられていくことが心配されます。楢葉町や広野町の方に聞くと、今のところ固定資産税は減額されているとのことです。しかし、制限が解除されて一〇年経つと全額を支払わなくてはいけない。それって、その土地から農業するなどの収入を得られるならいいけど、そうではない場合で、所有しているだけで、それで固定資産税を払わなくてはいけないというのは、冗談じゃないと思います。

門馬　帰還困難区域などを解除すると固定資産税などは、一〇年経つと段階的に元に戻していく、数年は非課税、段階的に上げていく。何年か経つと「元通りの税率にしますよ」です。今の話

のようにこれは違うんじゃないかと思います。

東電の賠償。通常の賠償、財物賠償には税金はかからないけど、例えば、営農賠償については、課税されています。環境省が出している用地補償にも税金がかかっています。一旦、賠償金や補償が入ったと思ったら、今度はすぐ税金で国に持っていかれる。国の復興の物差しで復興したんだから、税金を払えと言うのはあまりにも国中心の考え方だと思います。

木幡　しかも賠償のお金が入るのは遅いですよ。でも税金の納付しなければならない時期はとっ

原発被災地　大熊町　木幡ますみさんの家①

原発被災地　大熊町　木幡ますみさんの家②

原発被災地　大熊町　木幡ますみさんの家③

ても早い。

門馬　国民や納税者全体、確定申告している方は分かっていると思いますが、復興税として所得税の二・一％が徴収されています。

木幡　復興税はその中身がはっきりしていないんですね。それでよく「双葉と大熊は今も毎年、お金をもらっているんだよね」って言われるんですが、私は「もらってない」って皆さんに話しています。「もらったのは最初だけだよ」って、みんなに説明するんです。それも原発反対だと言っている方々から言われるんです。先日も、議員さんや東京の人が来ている集まりで、「木幡さん、まだ賠償金をもらっているんでしょ？」って聞かれました。「エッ。もうもらっていないですよ」と答えましたが、そういう方々でもこのように言うんですね。

世間に言いたい、私たちはそんなお金はもらっていない。国、東電は七年分の補償をするという形で七年分だけの賠償を一括で被災者に渡したんですね。それはそれで終わったんです。だから浜通り、中通りの方々を国はちゃんと面倒を見ないといけないです。国は、住民には、復興は三〇年だ、四〇年かかるんだと言ってますけど、本当に元通りになるには、二〇〇年、三〇〇年かかります。国は本当のことを言って、きちんとした補償をしろというのが私たちの本音です。国は福島県に対して、もっと丁寧に親身に寄り添った対応してほしい。本当に心の底からそう思います。

●誰にとっての「復興」なのか

門馬さんは「復興」について次のように話します。

――これから真の復興に向けて、全域除染とかいろいろあるけど、やはりフクイチの廃炉がきちんとされなくてはいけない。中間貯蔵施設も二〇四五年できちんと終了しなくてはいけない。除染も白地地区を含めて全域除染がきちんとされて、その上で真の復興が、全体の復興がスタートするということだけど、廃炉に関しては、まず廃炉の定義が確定していない。これが本当に大きな問題です。ですから何をもって廃炉となるかが分からない。だから国、東電が「これが廃炉だよ」と言ってしまったら廃炉が終了になってしまう可能性がありとても心配されます。デブリそのものは、八〇〇トン以上あって、一回で取り出せるのはスプーン一杯程度、だから何百年かかるんです。今の汚染水の問題も同じです。科学的な検証が必要です。

大熊町も双葉町も同じだと思いますが、これは国の話だから黙っていた方がいいじゃないという空気が漂っています。だけど国の話ではなくて、二〇一五年（平成二七年）の一月七日に福島県と大熊、双葉両町と東京電力の四者間で原発について、新安全協定を結びました。そして同日運用基準の協定書も結びました。これに基づいて新しい工事をする場合、健康管理に影響する場合、県と両町に「事前了解届」を出し、了解を得た上でないと東電は工事ができません、という形になっています。そういう面では、県も両町も当事者なんです。今、その辺で両町がちょっと逃げている感じ、姿が見えない感じがしますね。だからそこはきちんと向き合っていかないといけない。二〇二二年四月二八日、東京電力の人達と会ったんです。財物賠償ではなくて、営農の賠償について、やっと令和二年度の賠償について東京電力とＪＡの協議がまとまりました。ＪＡから各農家の方に令和二年の賠償はこうですよ、とお知らせが入っているんです。ところがその内容に大きな問題があったので、それを東京電力に指摘したら、電話では話ができないので、私と会いたいということになって直接会って話をしたんです。東電本社の広域補償相談センターの副所長や福島の復興本社からも同センターの副所長などがやって来ました。その場では「答えられないので、保留させて下さい」というのが答えでした。

例をあげれば、仮置き場で田んぼを貸していますよね。仮置き場で貸しているところは、営農賠償の対象です。しかし中間貯蔵施設で同じく田んぼを貸している土地は、地上権で貸していますが、営農の賠償対象ではないんです。初めから玄関の戸が閉められています。じゃ、何でですか？　と質問したら、東電は答えられない。同じようになぜ仮置き場は、営農の賠償という玄関の戸を開けていて、中間貯蔵施設の地上権は玄関の戸を閉めているんですか？　と聞いたら、今回は保留して後で答えます、となりました。

中間貯蔵施設の補償は、これは国・環境省になります。賠償と補償は、そこはちょっと違って、車をぶつけたら、これを直す、賠償金を支払う、又は新しいのを買って渡すというのが賠償。その車を公共事業なんかで使うから、ちょっと貸して、もしくは譲ってというのは補償なんです。要は賠償も補償も不公平にならないようにすることが大原則であり基本です。

仮置き場の地権者の方も福島のため、地域のために土地を貸したり、中間貯蔵施設の地権者の方も福島のため、地域のために売った方も貸した方も思いは同じです。ですので、不公平感が出ないような賠償政策をする必要があると思います。

そういう意味では、白地地区の全域除染と理解なくして汚染水は流さない、という話と全く同じ話です。知らぬ間にうやむやにされて、復興が進んでいるから、そろそろいいだろうと、白地地区は、帰還希望者だけ除染しますよ。それでは住民に格差を強要することになります。

帰還困難区域は原則立入ができません。この地区内に特定復興再生拠点が指定され、除染、住宅の解体が進められています。それ以外の地区の除染や復興計画は今も未定です。特定復興再生拠点は、地図上では赤色などで色付けされています。

注記：東電との第二回目の交渉を二〇二二年六月六日当方は越前谷元紀弁護士（いわき法律事務所）、熊本一規明治学院大学名誉教授、礒野弥生東京経済大学名誉教授とともに実施しました。越前谷弁護士から中間貯蔵施設の地上権契約者は、いま農業生産をしたくてもできないので、他の帰還困難区域や仮置き場、そして同施設の未契約者と同じように営農賠償しなければいけないのに、将来の営農意思を確認していることは「論理の逆転」である。さらに「営農の意思を示した地上権契約者を東電がないものとして判断したことは無茶苦茶である」と、熊本先生、礒野先生から指摘を受けました。東電の回答は前回と同じですが、論理が瓦解していることが改めて確認されました。今後も継続して見直しを求めていきます。

被災地の今 ③

●実情・変わった風景

双葉町、大熊町の間に建つのが福島第一原発。さらにその原発を囲うように稼働しているのが中間貯蔵施設です。双葉町は県内で唯一、全町避難が続いています。帰還困難区域の中に特定復興再生拠点が指定されています。今、この復興拠点が順次、避難指示が解除されています。すでに葛尾村、大熊町の復興拠点が解除されました。二〇二二年八月三一日午前〇時をもってして双葉町も解除されます。七月一四日、国と県、町の三者合意が成立しました。これで町民の帰還が進むのでしょうか。

以下は七月二一日の福島民報からです。

双葉町伊澤町長は「長い期間がかかったが、やっと住民の皆さんに戻っていただける環境が整った。安心して戻ってきてほしい」と述べ、引き続き復興拠点外を含む町全体の復興に向けて全力を尽くすとしました。ＪＲ双葉駅東側に完成した町役場について八月二七日に開庁式、九月五日に業務を開始することも明らかにしました。

双葉町の復興拠点はＪＲ双葉駅周辺を含む約五五五ヘクタール。七月一日時点で町民の約六割に当たる一三七四世帯三三四九人が住民登録しています。復興産業拠点などとして二〇二〇（令和二）年に先行解除された町北東部などの区域も合わせると、町の総面積の約一五％に当たる約七七五ヘクタールが解除エリアとなります。

●進む住環境整備　帰還意欲醸成に課題も

双葉町は復興拠点の避難指示解除に向け除染を進めるとともに、ＪＲ双葉駅周辺に新たなまちづくりを進めてきました。町役場や住環境、診療所などが整い、六月に策定した第三次双葉町復興まちづくり計画には、にぎわい創出に向けた商業施設建設など具体的な施策が盛り込まれました。

住民帰還に向けた環境整備も進み、今秋に入居が始まる駅西側の災害公営住宅と再生賃貸住宅は全八六戸に対して五三世帯が事前申し込みを行いました。町は解除から三、四年後の町内の居住人口目標を約一二〇〇～一五〇〇人としています。

ただ、帰還促進には課題も多い。今年一月に復興拠点で始まった準備宿泊の登録者数は七月一三日現在で延べ四四世帯六七人、避難指示解除まで継続的に登録しているのは七世帯一一人にとどまる。復興庁などが昨夏に実施した町全体の住民意向調査では、帰還を考えている人は回答者の約一割でした。

帰還困難区域の復興拠点外には七二七世帯二〇〇二人が住民登録しています。岸田文雄首相は「二〇二〇年代に帰還意向のある住民が帰還できるように取り組む」とし、今夏からは拠点外の住民らに対する帰還意向調査を実施する予定だが、住民からは全域除染を強く求める声が上がる。町は今後も帰還困難区域の全域除染と解除に向けた具体的な施策の明示を国に求めていく考えだ」

双葉町、大熊町は原発事故で深刻な被害を受けました。そして原発が立地している町です。その復興はどこへ向かおうとしているのでしょうか。

この辺りについて門馬好春さん（30年中間貯蔵施設地権者会）、作本信一さん（双葉町議）さん、木幡ますみさん（大熊町議）にお話を伺いました。

●住民が入れ替わる?

作本　双葉町の場合、避難指示が解除されて戻ると回答した町民は、町の報告だと約五〇〇人。それ以外は、今、企業を誘致していますから他からくる人、移住者が約一五〇〇人。だから併せて約二千人くらいです。これで復興というのはちょっと厳しいと思います。

門馬　そこのところが、大熊町、双葉町、浪江町、富岡町などが抱えている問題です。葛尾村、川内村などでも移住者の方がけっこういます。ふくしま一二市町村への移住は至れり尽くせりです。専用の移住情報サイトなどからそのサポート体制の充実ぶりが分かります。

作本　帰還の時期がもっと前倒しになっていれば、帰還の人数はもうちょっと増えるんですよね。やはり年月を重ねていくと亡くなる人も増える一方です。

双葉町でも災害公営住宅などの募集が始まっていますが、そこへ入りたいと言う申込者は前

双葉町　作本信一さんの家

家の2階から望む旧役場庁舎

2011年3月のカレンダー

記の通り全戸八六戸に対しけっこういますが、全町民の帰還希望者は一割ちょっとですので、これはもう気持ちの問題です。早く戻りたい。戻りたいけど戻れない人。

私も準備宿泊で一月の終わりくらいに双葉に小さなホテルがあるんだけど、そこに泊まりました。朝起きたら景色は同じです。昔のままです。やっぱり地元はいいなと感じました。

常磐自動車道大熊インターチェンジから双葉町へ入っていくと結構、家が残っているんですね。家を壊さないでいると、好きな時に戻って　住んでみると懐かしさがありますね。でも住むのは年寄りだけだと思います。私の孫は、震災の時小学校の三年生でした。今年、二〇歳です。双葉町の記憶はどんどん薄くなってきています。だから若い人には戻るという選択肢はないですよ。親が戻ると言っても「僕は戻らない」となります。

●大熊町、双葉町の事情

門馬　今、原発事故で日々、発生する汚染水が深刻な問題になっています。福島県をはじめとする県内の多くの自治体の議会で汚染水の海への放出に対して慎重に対応することを求める決議や意見書が可決されました。しかし双葉町、大熊町の議会では可決されていません。

作本　決議を上げられなかったのは双葉、大熊町だけです。双葉町も知らんぷりができないということで私と他の議員で意見書を出しましょうと準備したんです。反対とか賛成じゃなくて、きちんと県内の住民として、住民に納得してもらう意見書を作ったんです。それを全員協議会に出したら却下したんです。大熊町とも協議して出さないといけないというのが主な理由でした。両町とも原発立地町ですから、双葉町が単独で出すのはまずいという空気なんですね。

木幡　これは本当に大変な問題なんだと言っても、大熊は関わってはいけない。そんな空気なんです。

門馬　二〇一五年一月七日に東電との間で新安全協定書を結んでいるのが双葉町と大熊町、そして福島県ですから、汚染水放出は国・東電の問題ではなくて当事者である県と両町の問題なんです。

作本　なので意見書くらい出さないと示しがつかないんですよ。あの当時から、あっちこっちで汚染水放出反対、反対の運動・活動が多く行われています。

木幡　大熊町は、あれは国の問題だから、関係ない。そんな他の議員は考えていました。

門馬　そういういい方しかできないんだと思いますよ。関わり合いたくないというのが本音だと思います。しかし本当は、両町の問題なんです。新安全協定書を結んでいるんですから。当事者ですから、白い旗を上げるか、黒い旗を上げるかで、どちらにしても全国から非難の声が押し寄せると思います。それを避けたいのだと思います。町は判断する立場になくて、それは国が決めたんですよとすれば、そうすれば何となく非難をされずにすむ。

なぜならば、大震災、原発事故の後、両町へは全国から多くの抗議が届いたと聞いています。「避難の指示の仕方が悪い」とか、「あなた方が原発を誘致したからだ」「どうしてちゃんとヨウ素剤を飲ませなかったんだ」とか、非難の嵐の中に両町はおかれました。両町の職員はいろんな苦情の対応に心身ともに追い込まれ、心の病を抱える人もでました。そういう苦労を両町は分かっています。だから今回の判断は原発事故の時と同じくらいの危機感を持っている。それを正面から判断するとそのあとの抗議の嵐が出てくることを両町とも分かっているんです。今、両町ともに古い職員が辞めて、新しい職員が増え、入れ替わっています。それで、そんな混乱があり、また町の職員が辞めることになったらどうなるか、極論ですけどね。町の行政が立ち行かなくなってくる。汚染水の問題は世界の問題でもあり、大きな声の津波がくることを両町は分かっているんだと思います。

作本　意見書の議会提出は先述の通りできなかったけれども、職員はそうはいかないと思う。町長がこれについて何をどう考えているかまでは分からないですね。

木幡　そうですね。同じように結果として議会での議論まではできませんでした。議員は大体が自民党だから、議員になったら自民党員になってくれと声がかかるんですね。私には声がかからないけどね。全然、来ない。他の男性議員は自民党に優遇されるの。これは復興のためなんだから、みたいな感じで。自民党が何をやってくれたの、と思いますけど。

作本　私にも自民党からきますよ。選挙の時の事務所開きとかね。昔、党員に入ったことがありますが、今は違います。一昨日、埼玉の避難先の散髪屋さんに行ったんです。そこの人は、昔から双葉町の人を知っているよと言う人で、その人と話したら、たまたま汚染水の話になったんです。「汚染水は流してはダメなんですよね」と言う話になったんです。そしたら散髪屋のご主人は「でも議員さん、みんな自民党でしょ」。そういうのね。「党員でしょ。党員は反対しては、ダメでしょ」。そんなことを言われました。その散髪屋さんも自民党員なんです。私は「党員じゃないから、分かりません」と言いましたけどね。

●汚染水じゃない、処理水だ！

木幡　こないだ議会で汚染水といったら、「木幡さん、それは処理水だ」と言われました。だから他の議員と「じゃ、汚染処理水とするか」と話しました。わずかな時間の被曝なら大丈夫だけど、汚染水もそれが毎日毎日だとどうなるか分からない。私と他の議員さんでいったんだけど、ダメでした。

今、議員で大川原に住んでいるのは、私ともう一人の議員さんだけで、他の議員は誰も帰ってきていない。自分の孫は、郡山市の高校にはいったとか、いわき市の高校にはいったとか、そんな話ばかりしている。せめて自分だけでも帰ってと言いたい。処理水が安全だと思うのなら、毎日、食生活に使ったらといったら、すごく怒られました。

門馬　私も汚染水について大熊町の役職者の方々とも話をしました。私は「汚染水の問題は非常に大きな問題だから、科学的な問題と法的な問題と野崎会長（県漁連）がやっている反対運動。これらの三つでやっていかないとならないと考えています」。この三つをちゃんとバランスを取って、それぞれがタッグを組んでやっていかないといけない。ここに両町が入っていかないといけない。法律的なものは、漁業法や安全協定書、あとは「公共用地の取得に伴う損失補償基準要綱」。名前は公共用地のですが、これには漁業権についても書いてあります。それは、漁民を守るためのルールですから、それについての検証をやったという報道はみたことがありません。

これからの大きな課題は、安心、安全をどうやって作るかです。国、町、住民がそれぞれ区間線量を測定しています。それらの情報の公開する必要があります。空間線量の中心の測定は原発事故で大量に放出されたセシウムです。

ですが、本当にそれだけで十分なのかと心配になります。環境中に放出されたすべての核種を測定する必要があると思います。また、測定は地表から一ｍのみでいいのか、測定の地点数や、測定の範囲もこのままでいいのかと不安になります。そうでないと戻ってくる住民の安全、安心を十分に確保できないのではないかと思います。

●戻る人、来る人、入れ替わる住民

門馬　そして今後、国の機関や東電で働く人が多く、そちらに寄った人たちが中心になった移住民が増えるのは問題だと思います。原発事故の責任をあいまいにされてしまうのではないか。そんな危惧を抱いてしまいます。長い目で見てくれる昔ながらの町の復活を目指すための移住者は大歓迎です。

作本　私も訳あって戻れない。議員になったのは、戻る人の人助けをやりたかった。やはり聞いてみますと放射能の影響が怖いと言う人が多いです。こないだ外部の機関に自宅周辺を測ってもらったんですが、年間で三・六ミリシーベルト以下でした。国のいう二〇ミリシーベルトよりはるかに下なんです。しかし原発事故前までは、年間追加被曝線量は年間一ミリシーベルトでした。三・六だから大丈夫だといわず、避難指示解除の基準をまず二〇から一ミリシーベルトに戻してもらいたい。極力、一にちかづけてもらいたい。その辺を議員として、強く言っていきたいと思います。

それと戻る人たちの大半は高齢者です。だから医療関係のインフラをちゃんとしてほしい。双葉町は今年度中に診療所ができる予定です。大熊町より診察日、科目も多いと思う。戻る住民の安全、安心を考えるなら、大熊にあった大野病院、あれを再開してほしい。双葉町の新庁舎は今、建設中で、八月には完成する予定です。町職員の宿舎を作ろうと言う話もありました。双葉町は昔、箱モノ政策で失敗をしました。だからなるべく建物を作らない。私が議員になる前に産業交流センターを作った。あれはお荷物じゃないかと思います。昔、原発五・六号機増設のころ、箱モノをバンバン作っていました。

木幡　地元では復興のイメージは何も具体化していない。大熊町は、議員さんで大熊に帰ってくる人がいない。大熊の多くの住民は町外に避難したままです。職員の多くも避難先から通っている人が多い。

議員も含めて大熊町の誰も本音では多くの住民が戻ってくるとは考えていないと思います。それでも傾向として、これはよい傾向だと思うんですけど、放射線量を気にする議員が増えてきたんですね。私はいつも年間追加被曝線量は一ミリシーベルト以下と言っています。それなので私は議会の除染検証委員会の委員に絶対選ばれないんですよ。検証委員会でも東大の先生が「この辺は東京の一〇〇倍だ。非常に怖いな」と言ったそうです。環境対策の課長もしばらくは解除されないだろうな、と見ていたんです。ところがこないだの除染検証委員会では解除が決まってしまいました。数字と現実のギャップが大きいです。

今度、大野駅のそばに産業交流センターができるんです。町としては国際教育拠点が大熊町にできることを待っています。企業がこないと固定資産税とか、税金を住民が払うことになるから、気持ちはわかるんです。

大熊町の職員もいろいろ考えてはいるんです。医療費にしても、社会保険費にしても、震災後、五〇代から上の人は、自分の仕事がなくなっています。特に第一次産業、農林業に従事していた人がかなり大熊はいました。そういう人たちがこれから何かできますか、というと難しい。原発で働いていた人たちも「あの恐怖は耐えられない」と言って、何も仕事をしなくなる人もいます。そして心の病になっている方も結構います。そうすると働くとなると若い人の方が優先されます。だから今の状況で税金や社会保険料を払うのは大変です。となるとちゃんと雇用してくれる企業が来るといいね、となるんです。だから激烈な誘致合戦が始まっている感じです。

門馬 真の復興は福一原発の廃炉と中間貯蔵施設の終了という時間軸をも踏まえ、被災地、被災者である住民・地権者の目線で考えて進めること。安全で安心できる持続可能な社会でみんなが失った笑顔を取り戻す。そんな町を再建することだと思います。ご先祖さまや地域から代々受け継いできたもの、あずかってきた大切なものを子や孫、ひ孫や地域へと渡して、返していきたいと強く思います。

中間貯蔵施設及び30年地権者会に関する年表

二〇一一年　三月　東日本大震災　東京電力福島第1原発事故発生
八月　国が福島県に中間貯蔵施設の受け入れ要請
一〇月　国が中間貯蔵施設の基本的な考え方を公表、県内市町村長に説明
二〇一二年　三月　国が福島県等に三つの町（双葉町、大熊町、楢葉町）に分散設置を説明
一一月　八月の国からの調査説明について福島県知事が調査の受け入れ表明
二〇一三年　六月　国が楢葉町波倉地区住民説明会開催
八月　国が双葉町全町民説明会開催
一一月　国が中間貯蔵施設全面国有地化計画をマスコミ公表
二〇一四年　二月　福島県知事から国に楢葉町を外し大熊町双葉町に集約を申し入れ国から申し入れを受けいれる回答
二〇一四年　五・六月　国が福島県内外で住民説明会開催・要望無視
六月　石原伸晃環境大臣「金目でしょ」発言で地元反発
七月　国が全面国有地化計画見直し地上権を認めると公表
八月　国が福島県、大熊町双葉町に全体像を提示し両町全員協議会、行政区長会に国の考え方を説明

九・一〇月　国が地権者説明会開催・要望無視で地権者反発
一一月　ジェスコ法改正案成立・施行開始12月
一二月　環境省中間貯蔵施設建設直轄補償内規基準制定
一二月　30年中間貯蔵施設地権者会設立・環境大臣に要望書
二〇一五年　一月　30年中間貯蔵施設地権者会環境省との団体交渉開始
二月　福島県、大熊町、双葉町が中間貯蔵施設への搬入受け入れを容認
三月　中間貯蔵施設への搬入開始大熊町一三日双葉町二五日「事業終了日確定」
四月　福島県が事務局として第一回中間貯蔵施設環境安全委員会開催
二〇一六年　四月　中間貯蔵除去土壌等の減容・再生利用技術開発戦略及び工程表を公表
二〇一七年　七月　第20回団体交渉で地上権設定契約書の概ねの見直しを環境省と合意
二〇一八年　三月　門馬好春として中間貯蔵施設の用地補償に関する調停を申立、6月不成立
二〇一九年　一月　中間貯蔵工事情報センター開設
二〇二〇年一一月　日本不動産研究所に対する懲戒請求を日本不動産鑑定士協会連合会に提出
二〇二一年　四月　小泉環境大臣宛て要望書提出後環境省から団体交渉打ち切りの一方的な連絡が入る
七月　「30年中間貯蔵施設地権者会」のホームページを開設
二〇二二年　四月　いわき湯本原子力災害考証館でパネル展示開始
五月　東電との営農賠償見直しの交渉開始
二〇二三年　一月　いわき湯本原子力災害考証館でパネル展示に写真展示を加える

二〇二四年一二月　第12回環境省による30年中間貯蔵施設地権者会への説明会開催
二〇二四年一二月　いわき湯本原子力災害考証館の展示レイアウト変更
二〇二五年三月　中間貯蔵施設事業開始一〇年
30年中間貯蔵施設地権者会として最終処分場早期選定について環境省に継続要求
中間貯蔵施設への用地貸付地「地上権」の原状回復について環境省と協議
中間貯蔵施設の事業終了後の復興について住民・地権者主体計画を推進
二〇三五年三月　中間貯蔵施設事業開始二〇年
30年中間貯蔵施設地権者会として最終処分場選定について環境省に継続要求
中間貯蔵施設への用地貸付地「地上権」の原状回復について環境省と協議
中間貯蔵施設の事業終了後の復興について住民・地権者主体計画を推進
二〇四五年三月　中間貯蔵施設の事業終了一二日

※日本不動産研究所はH２６年３月３１日の報告書（その２）で、「使用期間３０年を一括して前払い」と環境省から条件を提示され、地表使用を想定した補償額を検討し報告した。同報告書では公共事業であり補償の基づく根拠は要綱・基準を適用した「地代の算定」を示した。しかし、地代は要綱第１９条及び基準第２４条並びに同基準細則１１の原則年払いを適用せず依頼の「一括払い」を受けてその内容のみ記載した。その後、同年７月に環境省は「地上権」を選択肢に加え９月・１０月の地権者説明会時に「地上権設定対価を土地価格の７割」と地権者に説明した。翌年２月２７日付け同研究所の地上権の不動産鑑定評価書で「地上権の正常価格」の報告を受けた翌月３月２７日環境省は変更契約書で同研究所に「地上権の正常価格」を事後契約で依頼している。

２、要綱19条地代から地上権価格への変更経緯

「地上権価格は赤信号で横断させているのと同じ・許されない」

年月日	内　容＊要綱第19条・基準第24条は以下要綱19条等と日本不動産研究所は以下「研究所」と記す
2014年3月31日 4月25日	研究所の報告書（その２）要綱19条等の条文記載し地代補償（環境省依頼で一括い・前払い）「土地価格の70%」 環境省復興庁が福島県大熊町双葉町に賃貸借を含む様々な選択肢を検討し示すことを記載した文書提出
6月2日	環境省（福島）研究所間で契約書（仕様書含）締結「H25年度（24年度継続）の契約は本省で締結」
5月31日-	住民説明会（環境省HPに記録掲載）売らない反発の声大
6月15日 6月16日 7月28日	石原環境大臣の「金目でしょ」発言で地元の反発が更に拡大 環境省石原大臣復興庁根本大臣が福島県・両町長に地上権（一括払い）を選択肢に加える事を説明し文書公表
8月8日	国の回答（町のHPにも掲載）7月28日と同じ「住民説明会での質問への対応⇒地上権の設定」 内容「公共用地の損失補償の基本的ルールの下」「地権者説明会で補償額のイメージを示す」
9月10日	研究所から土地価格の調査報告書と地権者説明会時の説明資料
9月29日 ～10月12日	地権者説明会（環境省HPに記録掲載なし）配布資料：用地補償の概要「地上権価格・地上権設定対価・一括前払い」 地権者から用地補償について反発の声大　配布資料：イメージについて「地上権価格は土地価格の7割」
10月16日	8月27日－10月6日コールセンターへの住民・地権者からの質問に対する回答
11月19日	中間貯蔵・環境安全事業（株）法成立「30年後、福島県外最終処分場への搬出は努力義務のみ」
12月26日	中間貯蔵建設の環境省内規基準局長通知「空間・地下限定条項に土地の長期に係る補償を記載」細則同日通知
2015年2月27日	研究所の地上権の不動産鑑定評価書提出「物権・地上権の正常価格・譲渡税」土地価格の７０％
3月27日	環境省（福島）研究所間で変更契約書（仕様書含）締結「所有権及び地上権の正常価格を算出」

1、用地補償に関する大きな流れ

国の方針などの大きな流れ	付　帯　事　項　等
2011年３月福一原発事故発生・８月国が福島県に中間貯蔵を要請	2012年度環境省本省依頼受領「環境省は予算のみ確保」
2013年11月23日全面国有地化マスコミ公表「環境省HP掲載なし」	2013年９月末報告書(1)土地価格補償方針策定「基準等に基づく」
2014年5月31日－６月15日住民説明会・地元３０年なら貸す声大売らない	2014年３月末報告書(2)要綱・基準に基づき地代（一括い・前払い）
2014年６月16日石原元環境大臣「金目発言」地元反発増大	補償の協議録開示請求回答は無「契約書上作成義務有」
2014年７月28日公表地上権選択肢一括払い補償のみ説明	2014年９月10日付土地価格調査報告書・説明会資料提出
2014年９月26日－10月12日地権者説明会・用地補償反発大・賃貸借要望無視	地上権設定対価「土地価格の７０%のみ説明・対価の根拠説明なし」
2014年11月19日中間貯蔵法成立 2014年12月26日中間貯蔵の環境省内規基準局長通知	事業期間は「必要な措置を講ずる」の努力義務のみ。空間・地下限定条文に長期の地表使用条文を記載「要綱等外」
2015年３月13日搬入開始で完了日確定「２０４５年3月１２日」	２月27日福島（事）に不動産鑑定評価書「地上権の正常価格」提出
2015年以降国・環境省が地権者と国有地化推進の用地交渉 ・地上権契約書は地権者に著しく不利な条件「一部是正」 ・土地価格が有利で地上権が不利とした補償額の提示 ・買取りを誘導した用地交渉「環境省交渉者⇒売却して」	当会見解　2019年11月22日 国の方針は最初から全面国有地化であり、地元の反発があっても基本方針の変更はしていない。その為、地権者に土地売買が地上権で貸すよりも選択として得だと示したい。その結果、国は要綱・基準条文にない地上権価格とした。空間・地下限定条文を適用した一括払い
2016年４月５日環境省回答書：要綱１９条基準２４条の地表使用は短期のみで長期は対象外である。	
2017年９月６日環境省回答書：長期も対象と訂正・土地価格を超えることはできない。 2018年10月２日環境省回答書：その後当会の考えを７回訂正した。	「一定の期間の使用」を環境省造語「時間の概念がない」使用 従って、同回答書も間違いの回答書である。
2019年10月29日・11月22日環境省は2014年３月の研究所報告書は「地代」で「地上権設定対価」は環境省内で決め研究所の報告書はないと回答	

あとがき

日本と世界の大きな課題と問題点は戦争、原発、放射能ごみを含むゴミそして差別です。

この本では中間貯蔵施設の課題と問題点を中心に、一貫して他人事でなく自分事として捉えてほしいとの思いを伝えてきました。なぜならば、それが未来の子どもたちの笑顔につながる、つなげることができるからです。そのためには我々おとなが原発や放射能に関する専門的な知識の前に、そぼくに「人としての道」として正しいことなのか、という事を子どもたちに伝えていくことがとても大切だと強く思います。以下は「吉原直樹先生との対談の最後にお示しさせて頂いた私の思いです」

原発は一個のあめ玉の後に長く、長く続く一〇〇回の痛い、痛い大きなムチが待っています。そしてその痛い、痛い大きなムチは放射能というバケモノによって長く、長く続くのです。二〇四五年三月一二日で東京電力福島第一原発敷地を取り囲んでいる中間貯蔵施設は終了です。二〇五一年で廃炉は完了と国と東電は公表しています。ウソはダメ約束は守らなければいけない。

なぜか、大熊町が避難先でお世話になった会津の言葉に「ならぬものはならぬ」があります。約束を守らないウソは「ならぬものはならぬ」なのです。「人としての道」から外れるのです。

一九一五年（昭和一五年）現在の福一（フクイチ）原発敷地の二号機の西側に住んでいたわたしの爺ちゃん、婆ちゃん、父ちゃんたちは国・陸軍から磐城飛行場建設のために、土地を明け渡せと命令をうけました。当時は、国や陸軍には「いやだ」とは絶対に逆らえません、「いやだ」と言えば非国民扱いになりますから命令です。そして住んでいたところからわずかな補償金で今の中間貯蔵施設エリア内に追い出されました。

やがて国がぜったいに勝つと言っていた戦争は一九四五年（昭和二〇年）八月六日広島に九日長崎に原爆を落とされて敗れました。

同じ八月九日と一〇日、この陸軍磐城飛行場はアメリカ軍からの爆撃をうけています。

そして敗戦後、暮らしは貧しいが自然にとても恵まれた長閑なふるさとがありました。しかしそこに原発がやってきました。この原発に対して国も東京電力も安全で夢のエネルギーであり、原発事故「メルトダウン・メルトスルー」は絶対に起こさない、起きないと言い続けました。

ふるさとも金銭的な豊かさという一個のあめ玉をもらいそれを信じました。

しかし、津波対策の防潮堤も造らず、地下につくった非常用電源を地上に移設するなどの対策も取らなかった結果、二〇一一年三月、東日本大震災後に悲惨な原発事故は起きてしまいました。

原発事故が起きたら、いや人災なので起こした後、今度はこれは想定外だと言って、国も東京電力も自ら進んでその責任を認めようとません。

そして原発事故の後は福島の復興のために中間貯蔵施設をふるさとにつくるという。

三〇年間の仮置き場、保管場なのにあやふやな中間貯蔵施設という責任逃れ「ウソをつくこと」を初めから考えているようなあやふやな不信感をいだかせる名前です。

三〇年間、我慢してほしいとの約束での中間貯蔵施設への搬入が二〇一五年三月一三日に開始し、二〇四五年三月一二日に終了します。この地には八五年前、戦争遂行のために国による陸軍磐城飛行場建設されました。この中間貯蔵施設のために多くのふるさとの地権者が泣く泣く、断腸の思いで、土地の提供「売却または貸付（地上権）契約」という形でこの事業に協力しています。ですから、国と東電はこの約束を三〇年間を絶対に守らなければいけません。今度は想定外などと、責任逃れの言葉を使ってはいけない。

しかし、理解なくして汚染水の放出は行わないとの約束もそうですが、帰還困難区域の全域除染の約束もそうです。今までに一つまた一つと約束を反故にして積み重ねて来ているのです。

これ等は一例に過ぎません。国や東電によって約束を守らないような発言や行動が、繰り返されています。当然に不信感が時間の経過とともに増しています。

さらに一例をあげれば放射能のゴミ問題はどうか、環境省が二〇二一年五月から始めた対話フォーラムは二〇二三年八月で終了したが、その内容は中間貯蔵施設の八〇〇〇Bq以下の汚染土を全国に資源として再利用するPR活動の場でした。しかし報道されて明らかなように、実は抜け道のように放射能の汚染物が県外にも出ている状況です。原発の敷地内の基準は一〇〇ベクレルに対して原発事故後に国は原発敷地外の基準を一〇〇ベクレルの八〇倍の八、〇〇〇ベクレルにしてしまった。これは2重基準であり、無茶苦茶な話です。これは国も東電も陸の約束も海の約束もつまり約束のすべてを守らないのではないか。国も東京電力もやはり信用できないのではないか。国や東電から「理解醸成」という言葉をよく聞くが、この言葉は戦前、戦中の「お国のため、ガマンしろ、陸軍の命令は絶対だ」と同じく聞こえる。国や東電が行うことそれは「理解醸成より先ずは信頼の醸成」をおこなうべきでないか。その信頼も組織内でなく住民に向けなければなりません。

敗戦後、日本は南相馬市出身の憲法学者故鈴木安蔵氏も大きくかかわった日本国憲法が一九四六年一一月公布されました。第一一条、基本的人権、第一四条、法の下における平等、そして第二九条に財産権の保障が定められました。同条一項「財産権は、これを侵してはならない」二項「財産権の内容は、公共の福祉に適合するやうに、法律でこれを定める」三項「私有財産は、正当な補償の下に、これを公共のために用ひることができる」とあります。これを体現した法律が「土地収用法」であり、これと一体「斉一化」なのが、「公共用地の取得に関する損失補償基準要綱」です。しかし、国・環境省はこの要綱の条文を守っていないことを本書では根拠と事実に基づいて、説明してきました。つまり、福島第一原発を取り囲んでいる中間貯蔵施設の用地補償は、明らかな憲法違反なのです。これではいけません。この中間貯蔵施設の問題は沖縄の基地問題と同様に福島だけの問題ではないのです。日本全体、世界全体の問題なのです。汚染水、汚染土の問題、福一（フクイチ）原発廃炉の問題も他人事ではなく、自分の事なのです。私たちおとなは子どもたちに明るい未来のバトンを渡す責任があるのです。

今回、原発事故、中間貯蔵施設の不条理を伝えることについて、協力して頂きました多くの皆さま、特に東北大学名誉教授吉原直樹先生、ロシナンテ社の四方哲代表、インパクト出版会の川満昭広代表には心から感謝申し上げます。

以　上

参考図書

『絶望と希望―福島被災者とコミュニティー』作品社、吉原直樹。

『東日本大震災と被災・避難の生活記録』六花出版、吉原直樹編著。

『権利に基づく闘い』熊本一規編著。

３０年中間貯蔵施設地権者会HPの紹介
いわき湯本原子力災害考証館 furusato の展示

2024年3月13日（水）、当会の門馬好春会長が「ふくしま復興支援フォーラム」で講演を行いました。講演で使用した資料を「News」「資料
読むことができます。

福島県いわき市湯本の「原子力災害考証館furusato」で、「中間貯蔵施設の課題と問題点」について展示中！

30年中間貯蔵施設地権者会とは　メディア掲載　リンク集

資料庫（過去の会報あり）

３０年中間貯槽施設地権者会HP(https://30nenchikensya.org/）より、これまでの経過や今進められている環境省との交渉記録などの情報が豊富にあります。

歴史は過去のために記されるものではなく、未来への指針を考えるために残すものなのだと思います。今起きていることに目を背けず、きちんと考証し、未来へつないでいくことが願いです。（原子力災害考証館 furusato HP メッセージより抜粋）

アクセス：いわき湯本温泉　古滝屋（〒972-8321 福島県いわき市常磐湯本町三函２０８

著者紹介

門馬　好春　（もんま　よしはる）

３０年中間貯蔵施設地権者会会長　日本環境会議会員

1957年　福島県大熊町夫沢大字長者原に生まれる

1964年　熊町小学校夫沢分校入学「大熊町」卒業は本校

1973年　熊町中学校入学「大熊町」

1976年　福島県立双葉高等学校普通科卒業「双葉町」

1981年　専修大学法学部法律学科２部卒業

福島県立双葉高等学校を卒業後、東京で就職し現在は退職

2018年5月から「３０年中間貯蔵施設地権者会」会長

未来へのバトン

福島中間貯蔵施設の不条理を読み解く

2025年　3　月　11　日　第1版1刷発行

編著者　門馬好春

発行人　川満昭広

発　行　株式会社インパクト出版会

東京都文京区本郷2-5-11 服部ビル２階

Tel 03-3818-7576 Fax 03-3818-8676

impact@jca.apc.org http://impact-shuppankai.com

郵便振替　0010-9-83148

印刷・製本　モリモト印刷